相信自己

你比自己想的更勇敢

张一弛◎编著

中国商业出版社

图书在版编目（CIP）数据

相信自己：你比自己想的更勇敢 / 张一弛编著 .—北京：中国商业出版社，2015.12

ISBN 978-7-5044-9227-2

Ⅰ.①相… Ⅱ.①张… Ⅲ.①成功心理—通俗读物 Ⅳ.① B848.4-49

中国版本图书馆 CIP 数据核字（2015）第 317597 号

责任编辑：朱丽丽

中国商业出版社出版发行

010-63180647 www.c-cbook.com

（100053北京广安门内报国寺1号）

新华书店总店北京发行所经销

北京毅峰迅捷印刷有限公司印刷

*

710×1000毫米 16开 14印张 221千字

2016年5月第1版 2016年5月第1次印刷

定价：32.00元

* * * *

前言
preface

在你的人生历程中，你希望自己变成一个什么样的人呢？只做一个普通的农民、工人？还是做一个成功的企业家、领导者呢？有人说，运气、靠山、出身是成就美好人生的关键，不然，也只有做个普普通通的人。其实并不是这样，一个人过什么样的人生，往往取决于他自己，因为命运是由自己主宰的，实现自己的人生价值，没有人可以替代，人生要靠自己去打造。

小蜗牛问妈妈："为什么我从生下来，就要背负这个又硬又重的壳呢？"妈妈说："因为我们的身体没有骨骼支撑，只能爬，又爬不快。所以要靠这个壳保护。"小蜗牛说："毛毛虫也没有骨头，为什么她却不用背着这个又硬又重的壳呢？"妈妈说："因为毛毛虫能变蝴蝶，天空会保护她啊！"小蜗牛又问："可是蚯蚓也没有骨头也爬不快，也不会变蝴蝶，他为什么不背这个又硬又重的壳呢？"妈妈说："因为蚯蚓会钻土，大地会保护他啊！"

小蜗牛说："我们好可怜呀，天空不会保护我们，大地也不会保护我们！"妈妈安慰他说："所以我们有壳呀，我们不靠天不靠地，我们靠自己！"

一位诗人曾写下这样一句话："我们是命运的主人，我们是掌握灵魂的船长……"人生中的种种都要靠自己：能力的提升要靠自己努力，成功的获得要靠自己谋取，爱情的幸福要靠自己经营……只有一切靠自己，人生才会有大不同。

马云，原本就是一个普通的英语老师，后来，就是因为自己不满足于现状，在经历了一番拼搏之后，才成功地创立了阿里巴巴，成为中国著名的企业家。

张瑞敏，面对海尔原先那副烂摊子，他毅然进行革新，在经过很多波折之后，他让海尔成了国内知名的大企业。

李嘉诚，出身贫寒，从茶仆做起，通过努力之后，成为亚洲首富。

……

马云、张瑞敏、李嘉诚乃至更多的成功者，他们往往都没有太好的出身，也没有多大的靠山，在初始阶段也没有什么好运气，可是，他们却靠自己成就了辉煌的人生。所以，巴菲特告诉他的儿子：人生要靠自己去打造。

人生中有很多艰难困苦，这往往是人生最大的障碍，很多人为此在等待老天开眼，希望能得到他人的援助。可是，更多人在这种等待中垂垂老矣，一事无成。一个人有什么样的付出，人生才会有什么样的收获。人地位的高低，身份的尊卑，乃至事业的成败，往往源于他自身努力的程度。成功靠自己，自己的事必须自己做。《相信自己：你比自己想的更勇敢》告诉你，世界上没有什么救世主，命运掌握在自己的手中，只要凡事靠自己，那么你就会成为一个成功的人！

目 录
Contents

第七章 困难面前挺一挺，苦难斗不过你的坚强

第八章 成功不能靠别人，人生只能自己去打造

第九章　成长不能到此为止，人总可以变得更强

第一章

遭遇失意的人生，是因为你缺乏勇敢的心

当需要直面人生所遭遇的种种时，有些人却选择了逃避，软弱、胆小成了他们人生的障碍。很多时候，遭遇落魄的人生，不是自己的命运太差，更不是自己的能力不够，而是缺乏一颗勇敢的心面对世界。

你究竟为什么会产生恐惧心理

恐惧常常会使人产生一种消极心理，它会时常压迫着人们。对大多数人来说，很多恐惧是在幼年时期产生的，是某种价值观受到威胁后，所产生的后遗症。心理学家将恐惧分为两类，一类是“害怕被拒绝”，另一个是“害怕成功”。

“害怕被拒绝”的恐惧往往是因为小时候所受到的批评。这些批评来自长辈、父母或者老师，但是最严重的是遭到同年龄伙伴的批评。这些批评把我们和错误连在一起。

我们不妨回忆一下在我们小时候，当我们犯错误时父母对我们的反应是什么？“淘气鬼”“坏孩子”“再不乖，就惩罚你”。父母一时无心的责骂，不知不觉就会给孩子的行为贴上了标签。由于孩子还处在幼年时期对自己的行为并无认知能力，于是很容易造成了行为与观念的混淆，从而导致了不安的后果。

一个人的行为习惯是从小就养成的且深远持久，上了大学或者步入社会，又会经常被别人批评：“假认真”“顽固”“无聊”“刻薄”“呆板”“粗野”等。在充满挫折、消极的绰号以及各种批评的环境中长大的孩子，经常会成为吹毛求疵的人，常常对自己缺乏信心，随波逐流，追求与社会制度相配的安全与地位渐渐地成为他们的习惯，不敢“轻举妄动”“害怕被拒绝”的恐惧因此成为“害怕成功”。

“害怕成功”充斥在我们的社会中，原因在于我们小时候所受的教育。我们在孩提时被告知，有许多事情不是想做就可以做的，然而却从电视中看到很多人在戏中互殴、厮杀、破坏别人的生活等，这对孩子的心理产生了巨大的影响。

在这个快节奏的时代，父母因为常年忙碌于工作在子女年幼时无法尽心照顾、爱护子女，所以在父母的心中感到非常愧疚，往往就会用金钱来弥补他们的不安，并换取孩子的爱。他们还对孩子做出微妙的暗示和提醒："既然我们对你的前途做了这些重大的牺牲，你一定要好好学习，超过别人，绝对不能失败。"结果使孩子产生了"害怕成功"的后遗症，甚至恐惧任何尝试。它的表现方式就是拼命为自己做合理的解释，以及尽量地拖延。"我按照他们的通知，在早上 8 点 30 分就去应征，但是当我到了那里的时候，应征的人早就排满了，所以我就走了。""我会把那件事办妥的，只要我有充分的时间……在我退休之后。""我无法想象自己获得成功。""我很愿意做这件工作，但是我没有足够的经验……"

事实上，人们对成功的恐惧常常会拖延成功所必需的准备工作以及创造的行为。为自己的失败找出合理解释，正好可以满足这样一种微妙的感觉："如果你们也经历我的遭遇，相信你们肯定也无能为力。"

恐惧症患者对付恐惧感所采取的方法都是尽可能地躲避。使不安全感持久存在，让人们的行为受到这种恐惧的限制，使人的自信心越发下降。越是缺乏自信，这种恐惧的心理越会不断地膨胀，长久下去就会形成恶性循环。

从某种程度上讲，恐惧心理是人类心理应变的一种本能，通过心理作用引起的一系列身心变化。所以，对于恐惧我们应该充分地去学习了解其产生的原因和表现，通过身体的或心理上的治疗最终是可以战胜恐惧的。

只有足够勇敢，才能拥自己的天地

对于怯懦的人来说，只要遇到小小的困难，都会感到犹如泰山压顶般的恐惧。其实，困难并不可怕，可怕的是你有没有战胜困难的勇气和信心。

成功不属于内心软弱的人，坚强不仅是内心的一种坚持，还应该是一种抗争，丢掉恐惧，敢于反抗，才能拥有真正属于自己的天地。

因为懦弱，所以我们是失败者。生命中的种种机遇，我们错过了太多。因为懦弱，所以我们悲观。前面明明只是一条小溪，我们却迟迟不敢迈过。因为我们怕在阴沟里翻船，在我们眼中，小溪成了波涛汹涌的深渊。

懦弱的人只是想要去生活，但是从来就没有真正生活过，因为懦弱的心理都存在一种恐惧，即未知的恐惧。因为恐惧而将自己永远保护在已知的安全地带，那是自己最熟悉的世界。但是，一旦跨到自己已知的屏障之外的时候，那就是一种勇敢的冒险，是非常危险的一步。但如果你敢去冒那个别人不敢冒的险，你就会活生生地存在，充实地生活着，你就会变得越来越勇敢。因为，灵魂唯有在巨大的冒险中，才会诞生出多彩的、成功的人生。不然，你将永远只是在维持一个空壳的肉体，在空虚中生存着。

伊尔文·本·库伯是美国最受欢迎的法官之一，然而他现在的形象却与年轻时懦弱的形象完全不同。

库伯从小生活在密苏里州圣约瑟夫城的一个准贫民窟里。父亲是个贫民，以裁缝为生，挣钱很少。冬天，为了取暖，库伯经常提着一个铁桶，在附近的铁路沿线上拾煤渣。库伯常常为必须这样做而感到窘迫。

因此他常常一个人从后街偷偷进出，以免被放学的孩子们看到。

可是，他还是被那些孩子看到了。有一群孩子等在库伯从铁路回家的路上，趁库伯回家时欺负他，取笑他。他们经常把他捡到的煤渣抛撒在街上，使库伯回家时一直流着眼泪。为此，库伯总是生活在恐惧与自卑之中。

后来，库伯读了一本书，他的内心受到了很大的鼓舞，从而在生活中采取了积极的态度。这本书就是赫拉修·阿尔杰著的《罗伯特的奋斗》。

这本书描写了一位像库伯一样的少年奋斗的故事。那个少年遇到了极大的不幸，但是他用道德与勇气的力量战胜了所有的不幸。库伯深受感动，希望自己也具有这种勇气和力量。

后来，库伯读了所有自己所能借到的赫拉修的书。每当他读书的时候，立刻就会进入主人公的角色。整个冬天他都坐在冰冷的厨房里阅读成功和勇敢的故事，在不知不觉中吸取了勇气和力量。

在库伯读过赫拉修的书几个月后，他又到铁路边去捡煤渣。在不远处，他看到有三个影子在一个房子的后面奔跑。他第一反应就是转身跑掉，但是很快他想起了书中主人公的勇敢精神。于是他把煤桶提手抓得更紧，大步向前走去，好像自己就是书中的那个英雄。

这是一场恶斗。三个男孩一起朝库伯冲上来。库伯丢下煤桶，挥舞着双臂，进行反抗，这让三个欺软怕硬的孩子大吃一惊。库伯的一只手猛地打到一个孩子的鼻子上，另一只手猛击到他的肚子上，这个孩子终于停止了打斗，转身逃跑了。这也使得库伯很诧异，没想到这个人这样就逃跑了。而这时，另两个孩子正对他拳打脚踢。库伯用力把其中一个孩子推开，并把他打倒在地。现在只剩下一个孩子了，这是个领头的，看到同伴一个逃跑了，一个被打倒在地，这个领头的孩子害怕了，一步一步向后退，最后也溜掉了。库伯拾起一块煤向那个孩子扔去，那个孩子跑得更快了。

直到那时库伯才发现他的鼻子一直在流血，他的全身已是青一块紫一块了。在库伯的一生中，这一天是个值得纪念的日子，他克服了自己的恐惧。

库伯并不比以前强壮，而是在他面对危险时已经不再恐惧，他决定不再听凭那些恃强凌弱者的摆布。他要改变自己的世界，他后来也的确是这样做的。

如果我们认为敌人总是势不可挡的，如果一直害怕，只会让我们失去宝贵的尊严，那么我们也将是懦夫。丰富充实的生命永远属于勇敢的人们。懦弱的我们，只能在麻木不仁中生活。因为一直惧怕，一直犹豫不决，等到决定好要怎么做的时候，机会已经消失了。

威廉·詹姆斯说："世界由两类人组成，一类是意志坚强的人，另一类是心志薄弱的人。后者面临困难挫折时总是逃避，畏缩不前；面对批评，他们极易受到伤害，从而丧气，等待他们的也只有痛苦和失败。但意志坚强的人不会这样，他们内心中都有股与生俱来的坚强特质。所谓坚强的特质，是指在面对一切困难时，仍有内在勇气承担外来的考验。而积极心态的力量，就是意志坚强，就是拒绝被打败，它会让我们聚集全部的勇气面对人生，最终赢得巨大的成功。"

过分谨慎不能改变糟糕的人生

在遇有解不开的疑难问题时，有些人不会选择退缩，而是采取主动出击的方式加以解决。因为他们知道，所有的困难既是挑战也是机遇，战胜它们，往往会让自己登上一个新的人生高度。

事实也正是如此，正是因为有了各种各样困难的出现，才为你提供了一展身手的绝佳舞台。然而，遇事胆小如鼠，过分谨慎和鲁莽行事一样糟糕。

一口枯井里住着三只青蛙，一大两小。井里只剩一滩污水，还有偶然闯入井里的飞虫，只有这些让它们维持着生命。最可怜的是两只小青蛙，不仅日子穷苦，而且还时常受大青蛙的欺负。

一天，大青蛙又欺负了两只小青蛙。一只小青蛙跟另一只小青蛙商量说："我们必须离开这儿，不然，我们永远没有出头之日。"

另一只小青蛙说："兄弟呀，我也知道这儿的日子不好过，但水还是够用的，偶尔还有飞虫进来，虽然我们经常受欺负，但至少还可以活命呀。"

"不，我想离开这儿！"小青蛙说。

"别妄想了，知道外面的世界是个什么样子吗？说不定还不如这儿呢！再说，你唯一可以出去的办法，就是跳到人类的打水桶里，人类把你捉住，还不知道会对你怎么样呢！"另一只小青蛙说。

小青蛙没有说话。

一天，一位农夫从井里打水浇地，小青蛙毅然跳到放进井里的打水桶里。善良的农夫没有为难这只可爱的小青蛙，将它放到了田野里。

田野里风光无限，小青蛙过着快乐的生活。而在井里的那只小青蛙，依然守着一滩污水，继续过着食不果腹、饱受欺辱的日子。

人生中，没有人会告诉你什么时候是关键时刻，所以你应该把握当下：这个任务很艰巨，我要勇敢些、坚定些，大胆地迎上去，而不是在谨慎的幌子下，三思而不动，从而错失良机。这样的谨慎不是缜密的思考，而是举棋不定，犹豫不决，是不敢勇往直前的冠冕堂皇的借口！在它的掩护下，诞生的只能是庸才和懦夫，决不会是一个成功的人！好多人的境遇就像那两只小青蛙，但当一些人在抱怨时乖运蹇、犹豫彷徨之时，另一些人已经开始振作精神、放手一搏。于是，前一类人继续过着毫无生气的生活，后一些人却成了最大的赢家。

麦当劳兄弟开了一家快餐馆，生意十分火爆。雷·克雷克是美国芝加哥市经营纸杯和麦乳精搅拌机的推销商，每年都能获得不错的收益。

这一天，麦当劳快餐店向雷·克雷克订购了八架麦乳精搅拌器，这引起雷·克雷克的注意。通过调查他发现，这么一个小小的快餐店，顾客竟能络绎不绝、熙攘盈门……由于顾客太多，麦当劳兄弟不得不请保安人员来维持秩序。

看到这个情况，雷·克雷克脑中划过了一道闪电般的创意灵感——他一下子就认定了巨大的商机就在眼前，并且他很快就下定了决心。他慷慨地向麦当劳兄弟提出，如果他们肯特许给他麦氏快餐店专营权的话，他将让出自己公司一半的股份给麦当劳兄弟，另外他将把销售收入的5%付给麦氏兄弟作为利润回报。

但是，妻子觉得这样做风险太大，但雷·克雷克觉得，自己万一成功了呢？

就这样，雷·克雷克开始同麦氏兄弟签约，麦当劳快餐业这块“金字”招牌很快树立了起来。到1960年时，雄心勃勃的雷·克雷克已将麦当劳连锁店发展到280家，而他自己也成了当时名副其实的世界级首富，是当之无愧的麦当劳第二代掌门人。

从雷·克雷克的身上我们能悟出些什么呢？那就是果敢！一名成功的人，遇到问题或在机遇面前，决不会迟疑不决、优柔寡断。那样的话，很难取得较大成功。因为危机两个字不但代表危险，也代表机会。优柔寡断的人遇到问题往往会东猜西想，左右思量，即便被逼无奈，也是支吾了事。久而久之，这样的人就会养成遇事优柔寡断的习惯，他们不相信机遇的存在，高叫着“世上哪有这样的好事？我不信”！而且他们连自己也不再相信。更为可怕的是，他们原本所具有的各种能力，也会因这一习惯而跟着退化。

一个萎靡不振、没有主见的人，一遇到事情就习惯性“先放在一边”“那不关我的事”“即便交给我也完不成”，说起话来吞吞吐吐、毫无力量；干起工作来也免不了拖泥带水，到头来什么都会弄得一塌糊涂。更为可悲的是，他变得越来越不自信，不大相信自己会做成伟大的事业。这时的他，会被内心的懦弱摧毁。反之，对于那些意志坚强的人来说，“说干就干”、雷厉风行，凡事都有自己的主见，而且有很强的自信心，都能坚持自己的意见和信仰，让人时刻都能感受到他的精力充沛、处事果断和为人勇敢。

所以，只要他认为自己是对的，就敢于去做；遇到确信是应该做的事，他就会尽全力以赴地去做。

也许你常常会听到一些人抱怨自己的命运不好，大有生不逢时的味道，别人为什么会轻而易举取得成功，而自己忙忙碌碌之后却一点成绩都没有呢？其实他们并不知道，失败的原因只能是他们自己。

比如他们害怕失败；比如做起事来，他们无精打采、萎靡不振；比如他们没有远大的抱负，在事业发展过程中也没有排除障碍的决心和勇气；比如他们没有使全身的力量集中起来，汇成滔滔不绝的洪流。

这又怎能怪别人？

而那些成功的人都会发自内心地切身感悟到：获得成功的唯一途径就是认准目标后，下定决心、果敢向前、全力以赴地去做，等、靠、要和任何形式的犹豫不决、谨小慎微都会丧失大好时机，让成功擦肩而过！

突破胆怯，你就突破了一次危机

在这个世界上，但凡胆小怕事的人都是没有任何出路和希望的。胆小怕事到了极致，就把自己给束缚了起来。我们要对自己有一个清醒的认识，不能让胆小的心绊住了我们前行的脚步。

生活中，我们经常会碰到这样的情况：同样的人在面对同样的事的时候，常常会出现不同的结果。为什么会这样呢？如果我们仔细想想，就不难发现，人世间，每一个人的眼光各不相同，看问题的角度与理解事物的能力也不一样，因此会产生巨大的差别。

内心怯弱的人往往会比较自卑，认为自己这也做不好、那也做不成，遇到事情畏首畏尾、裹足不前。而内心勇敢的人则不会畏惧坎坷、害怕失败，不管什么情况，他们总能够振作精神、迎接挑战。

可以说，一个人真正的失败在很大程度上源于生性怯懦，而非其他。他们或许不知道，胆怯就像一副沉重的枷锁，不仅束缚着他们的行动，还撕扯着他们的自信。如果任由胆怯蔓延，最终将把他们折磨得身心俱疲、奄奄一息，让生命如将熄的蜡烛一样毫无生气可言，因此，怯懦就像是自己对自己贬低、自己和自己过不去。

来看看契诃夫给我们讲的一个故事：《公务员之死》吧。

庶务官切尔维亚科夫在剧院看歌剧时打了个喷嚏，这个喷嚏不由让他慌张起来，他看到坐在他前面第一排座椅上的一个小老头正用手套使劲擦他的秃头和脖子，嘴里还嘟噜着什么。切尔维亚科夫认出这个人是三品文官布里扎洛夫将军，在交通部门任职。

“我的喷嚏溅着他了！”切尔维亚科夫心想，“他虽说不是我的上司，是别的部门的，不过这总不妥当，应当向他赔个不是才对。”切尔维亚科夫咳嗽一声，身子探向前去，凑着将军的耳朵小声说：“务请大人原谅，我的唾沫星子溅着您了……我出于无心……”

“没什么，没什么……”

“看在上帝的份儿上，请您原谅。要知道我……我不是有意的。”

“哎，请坐下吧！让人听歌剧嘛。”

切尔维亚科夫心慌意乱了，他傻笑了一下，开始望着舞台。看着演出，他开始惶惶不安起来。幕间休息时，他走到布里扎洛夫跟前，在他身边走来走去，终于克制住胆怯的心情又对将军说道：“我溅着您了，大人，务请宽恕……要知道我……我不是有意的……”

“哎，够了，我已经忘了，您怎么老提它呢！”将军说完，不耐烦地撇了下嘴唇。

……

回家后，切尔维亚科夫把自己的失态告诉了妻子，妻子觉得他对发生的事处理得过于轻率。“你还是去一趟赔礼道歉的好，”妻子说，“他会认为你在公共场合举止不当！”

“说得对呀！我道歉过了，可是他有点儿古怪。一句中听的话也没说，再者也没有时间细谈。”

第二天，切尔维亚科夫去找布里扎洛夫解释。走进将军的接待室，他看到里面有许多请求接见的人，将军抬眼望着切尔维亚科夫。

“昨天在剧场，倘若大人还记得的话，”切尔维亚科夫开始报告，“我打了一个喷嚏，无意中溅到了你，务请您原谅。”

“什么废话！天知道是怎么回事！”将军说完没有再理会他。

切尔维亚科夫脸色煞白，心里想道：“看来他生气了……不行，这事不能这样放下，我要跟他解释清楚……”当将军接见完最后一名来访者，正要返回内室时，切尔维亚科夫一个箭步跟上去说道：“大人！倘若在下胆敢打搅大人的话，那么可以说，只是出于一种悔过的心情，我不是有意的，务请您谅解，大人！”

将军做出一副哭丧脸，挥一下手说：“您简直在开玩笑，先生！”

切尔维亚科夫说：“说到开玩笑，我可从来没有想过。在下胆敢开玩笑吗？倘若我真开玩笑，那样的话，就丝毫谈不上对大人的敬重了。”

“滚出去！！”忽然间，脸色发青、浑身打颤的将军大喝一声。

“什么，大人？”切尔维亚科夫小声问道，他吓呆了。

“滚出去！”将军跺着脚，又喊了一声，切尔维亚科夫感到肚子里什么东西碎了。什么也看不见，什么也听不着，他一步一步退到门口。他来到街上，步履艰难地回到家里，倒在长沙发上就死了。

这是契诃夫经典的短篇小说，在这里，我们愿意相信：这位小公务员是一个好人，他有一个体贴的老婆，有一个温暖的家。我们心中应该比谁都清楚，他的真正死因并非是不合理的社会制度，而是他那颗胆小怕事的懦弱的心。

可见，如果我们过低地估计自己，那么遇事时就会认识不到自己拥有的能力。而无法认识自己，便会跳不出自己的思维模式，越是跳不出自己的思维模式，就越会觉得自己不行，这样势必会依赖他人、受他人的操纵。如果是这样，那么每失败一次，自信心就会受到一次伤害。久而久之，所有的行为就会按照别人的意见行事，一切也就会让别人来操纵，可悲的事情便会接踵而至。

但是，如果我们相信自己，深信自己一定能实现梦想，那么我们就会鼓起勇气，笑闯人生的风浪。

有人说过这样一句话："有自信心的人，可以化渺小为伟大，化平庸为神奇。"是的，世界上，每个人看事情的角度都是不一样的，我们没有必要企求得到所有人的赞扬。生活中，人们常常把自信比作发挥主观能动性的闸门，比作启动聪明才智的马达，这都是很有道理的。我们只有确立自信心、赶走怯弱，才能真正地发现自己、肯定自己。

要知道，相信自己，就是相信自我是有价值的，这种价值体现在我们能够为社会、为他人创造价值。所以，抛弃懦弱的心理吧。只要我们相信自己，就能把握住自己的个性；只要不在乎别人怎么评价自己，就能为自己赢得一片天地。而如果我们不信任自己、不尊重自己，那自然就不会得到别人的信任和尊重。获得成功最可靠的资本就是自信，而最大的阻碍就是胆怯。因此，我们只要相信自己的价值，充分认识自己的长处，就一定能够保持奋发向上的劲头，一定能够取得最终的成功。

心向太阳，你就不会悲伤

阳光是世界上最光明的存在。如果你的内心充满阳光，悲伤则无处可藏。所以，我们应该努力缔造阳光心态，争取让自己的内心多一些阳光，这样你的悲伤才会越来越少，你的人生才会越来越快乐。

1987 年 3 月 30 日晚上，洛杉矶音乐中心的钱德勒大厅内灯火辉煌，座无虚席，人们期盼已久的第 59 届奥斯卡金像奖的颁奖仪式正在这里举行。在热情洋溢、激动人心的气氛中，玛莉·马特琳走上领奖台，从上届影帝——最佳男主角奖获得者威康·赫特手中接过奥斯卡金像。

手里拿着金像的玛莉·马特琳激动不已。她把手举了起来，但不是那种向人们挥手致意的姿势，眼尖的人已经看出她是在向观众打手语。原来，这个奥斯卡金像奖最佳女主角奖获得者竟是一个不会说话的哑女。

玛莉·马特琳不仅是一个哑巴，还是一个聋子。玛莉·马特琳出生时是一个正常的孩子，但她在出生 18 个月后，被一次高烧夺去了听力和说话的能力。

这位聋哑女对生活充满了激情。她从小就喜欢表演。8 岁时加入伊利诺伊州的聋哑儿童剧院，9 岁时就在《盎司魔术师》中扮演多萝西。

但 16 岁那年，玛莉被迫离开了儿童剧院。所幸的是，她还能时常被邀请用手语表演一些聋哑角色。正是这些表演，使玛莉认识到了自己生活的价值，克服了失望心理。她利用这些演出机会，不断锻炼自己，提高演技。

1985 年，18 岁的玛莉参加了舞台剧《上帝的孩子》的演出。她饰演的是一个次要角色。可就是这次演出，使玛莉走上了银幕。

女导演兰达·海恩丝决定将《上帝的孩子》拍成电影。在物色女主角萨拉的扮演者时，她发现了玛莉高超的演技，决定立即起用玛莉担任影片的女主角，饰演萨拉。

玛莉扮演的萨拉，在全片中没有一句台词，全用极富特色的眼神、表情和动作，揭示主人公矛盾复杂的内心的自卑和不屈、喜悦和沮丧、孤独和多情、消沉和奋斗。玛莉十分珍惜这次机会，她勤奋、严谨、认真地对待每一个镜头，用自己的心去表演，因此表演得惟妙惟肖，让人拍案叫绝。

就这样，玛莉·马特琳实现了人生的飞翔。她成为美国电影史上第一个聋哑影后。正如她自己所说的那样："我的成功，对每个人，不管是正常人，还是残疾人，都是一种激励。"

尽管生活不可能一帆风顺，但是只要我们的心是向着阳光的，就不会感受到悲伤。找一件自己喜欢的事情，全身心投入地去做，本身就是一种快乐的享受。这种快乐，比花费钱财到游乐场寻找乐趣要划算得多。

"我之所以高兴，是因为我心中的明灯没有熄灭。道路虽然艰难，但我却不停地去求索我生命中细小的快乐。如果门太矮，我会弯下腰；如果我可以挪开前进路上的绊脚石，我就会去动手挪开；如果石头太重，我可以换条路走。我在每天的生活中都可以找到高兴事儿。信仰使我能够以一种快乐的心态面对事物。"歌德夫人如此说道。

快乐本来不需要刻意为之，抓住生活中的每一个小惊喜，尽情发挥，你会发现，这种"碰巧为之"的乐趣是任何既有的娱乐形式都无法比拟的。

因为心中有恐惧，所以害怕现实

一个人遇上让自己感到恐惧的事情，只要勇于挑战，就会觉得并没有什么，事情也没有像自己想象的那么可怕。当发现自己总是在回避自己害怕做的事时，可以问问自己："如果我真的试着去做，最坏的结果会是怎样？"放心，最坏的结果，决不会比你想象的更可怕。

埃里希·弗洛姆是美国一位著名的心理学家。一天，有几个学生向他请教：懦弱对一个人会产生怎样的影响。

弗洛姆微微一笑，什么也没说，而是把他们带到一间黑暗的屋子里。在他的引导下，学生们用很短的时间穿过了这间伸手不见五指的屋子。等学生们都到了房子的另一边之后，弗洛姆打开房间的一盏灯，在这昏黄如腊的灯光下，学生们才看清楚里面的情况。

看清楚之后，学生们禁不住被吓出了一身冷汗。原来，这间屋子的地面是一个很深很大的水池，池子里蠕动着各种各样的毒蛇，有好几只毒蛇正高高地昂着头，朝他们吐着信子。就在这个池子的上方，有一座很窄的木桥，学生们刚才就是从这座桥上走过来的。

弗洛姆问道："现在，你们谁还愿意走过这座桥吗？"大家你看看我，我看看你，没有人说话。过了一会儿，有三个学生犹犹豫豫地举起来了手，表示愿意再试一试。第一个学生一上桥，就小心地挪动着脚步，速度很慢；第二个学生战战兢兢地走上木桥，身子不由自主地颤抖着；第三个学生干脆弯下身子，趴在了桥上，他打算爬过去。

看到这里，弗洛姆打开了屋里的另外几盏灯，明亮的灯光一下子把整个屋子照耀得清晰可见，学生们睁大眼睛仔细一看，才发现在小木桥的下方，有一张安全网。只不过网线的颜色暗淡，所以，一开始他们没有看出来。

弗洛姆大声问这几个学生："你们这回清楚了吧，那么有谁还愿意过一次桥呢？"

学生们你看看我，我看看你，都没有说话。

弗洛姆问道："你们为什么不愿意再过一次桥呢？"

"这张安全网真的结实吗？"这个学生的询问，其实代表了所有学生的心声。

弗洛姆笑着说道："我可以解答你们要弄清楚的问题。其实，这座桥本来不难走，可是桥下的毒蛇让你们感到恐惧，于是，你们就失去了信心，乱了方寸，慌了手脚，表现出各种状态的懦弱。"

上面事例中的毒蛇是有形的，其实很多人的心中都有无数条无形的毒蛇，这些毒蛇的存在，让很多人吓破了胆。所以，很多人在面对各种恐惧时，总喜欢为自己找借口，来掩饰自己的懦弱。人之所以失败，也许不是因为势单力薄，不是因为智能低下，也不是没有把整个局势分析透彻，反而是因为把困难看得太清楚，分析得太透彻，考虑得太详尽，才会在困难面前胆怯。俗话说，无知者无畏，倒是那些没把困难完全看清楚的人，更容易勇敢前进。

如果我们在通往成功的路上，能够忘记背景，忽略险恶，专心致志走好自己脚下的路，也许更容易到达目的地。

当别人瞧不起自己时，不是以怯懦示人，而是要以勇敢面对，不断挑战自己。实践证明，如果我们敢于做自己害怕的事，害怕就必然消失，也就无需到处找借口了。

真正成功的人生，不在于成就的大小，而在于你是否努力地去实现自我，喊出属于自己的声音，走出属于自己的路。

其实，每个人的内心深处，都存在着失败的恐惧，要强有力的勇敢将其砸碎，否则它就时刻牵绊着你。一个人变得懦弱之后，懦弱就会成为不再努力、不好好工作、逃避责任的借口，也成为随波逐流的一个理由。

心理学研究发现，有些人是“注定”要倒霉的，潜意识会把破坏性或负面的思考转化为一种能量，转化为实质的对应事物，正如潜意识会遵循并奉行正面或建设性的思考动力一样。正是这种心理导致了很多人“注定”是不幸或倒霉的。

不要总是惦念着你心中的毒蛇，你想象得越多，你的胆子就会越小。只要你将想象转化为正能量，把成功的渴望传输给潜意识，并满怀期待，始终相信，就会取得积极的效果。信心与信念，正是主宰潜意识行动的因素。当你对潜意识进行暗示的时候，没有人能够阻挡你去“欺骗”你自己的潜意识。只要你愿意，你可以将懦弱转化为勇敢，将借口转化为方法，将失败转化为胜利。

两人结伴横穿沙漠，水喝完了，其中一个中暑病倒，不能行动。剩下的那个健康而又饥饿的人对同伴说：“好吧，你在这里等着，我去寻找水源。”并把手枪塞在同伴的手里说：“枪里有五颗子弹，记住，三个小时后，每小时对空鸣枪一声，枪声指引我；我会找到正确的方向，然后与你会合。”

两人分手，一个充满信心地去找水，一个满腹狐疑地卧在沙漠里等待。留下来的人看表，按时鸣枪。除了自己以外，他很难相信还会有人听见枪声。他的恐惧加深，认为同伴找水失败，中途渴死。不久，又觉得同伴找到水，弃他而去，不再回来。

到应该击发第五枪的时候，这人悲愤地思量：“这是最后一颗子弹了，伙伴早已听不见我的枪声，等到这颗子弹用完之后，我还有什么依靠呢？我只有等死而已。而且，在一息尚存之际，兀鹰会啄瞎我的眼睛，那是多么痛苦，还不如……”于是，第五次鸣枪时，他用枪口对准了自己的太阳穴。

不久后，那个提着满壶清水的同伴领着一队骆驼商旅循声而至，但找到的却是一具尸体。

不可否认，每个人都曾有过畏惧，没有人从小到大从来都不曾畏惧过。但有些人走过了一个坎，翻过了一座山，终于学会了勇敢；有些人走过了一个坎，却难翻过一座山，因为他们学会的是更畏惧，于是他们面对的只有悲剧的上演。

只要无所“畏”，人生才没有绝境

如果在冬天的时候就放弃，那么就会错过生命中春天的期待、夏天的斑斓、秋天的收获。因此，不要让一个季节的痛苦毁掉其他季节的快乐，不要让一时的挫折扼杀了对未来的希望。

西方一位思想家曾说：“如果你充满勇气前进，全世界都会为你让路。”换句话说，在无畏者的心中，人生没有真正的绝境。在一本描写“二战”的相关书籍中，记载了这样一个故事：

第二次世界大战结束后，德国的土地上到处是一片废墟，一位叫波普诺的社会学家带着几个随行人员去实地考察。到达德国后，他们看到有很多德国居民住在地下室里。而后，波普诺就问随从人员说：“你们看，像这样的民族还能振兴起来吗？”

“这个恐怕很难说。”一名随从随口答道。而波普诺却说：“他们肯定能！”

看到波普诺如此坚定，随从人员不解地问：“为什么呢？”

波普诺看了看他们，又问：“你们到每一户人家的时候，看到他们桌上都放了什么？”随从人员异口同声地说：“一瓶鲜花。”

“那就对了，任何一个民族，纵使处在这样的境地还没有忘记摆放鲜花，还仍然怀有希望，就一定能在废墟上重建家园！”

的确，即使在残酷的战争之后的废墟上还愿意用鲜花来装点生活的人们，心里该是怀着多么美好的希望呀。

其实，这其中也寓意着，他们能够将废墟变成美丽的家园，因为他们心中从未绝望。看到这里，你也许会问：这样说，我们岂不是要歌颂绝望吗？其实不然，真正需要歌颂的是面对困境时那份勇往直前的魄力和那颗全力以赴的心。如果没有这两样东西，即使一个小挫折也会成为绝境。相应地，如果有了这两样东西，那么再大的挫折也算不了什么。

在寒冷冬季的一天，海上狂风大作，在海风的威力下，一户渔民的渔船被打翻了，渔夫也被海风吹得患了重感冒。

一家四口人一下子失去了经济来源，债主恰恰又在此时找上门，原本日子就过得紧巴巴的渔夫一家一下子陷入了困境。

就在渔夫和他的妻子苦苦哀求债主再宽限几天时，他们家年仅15岁的儿子一个人走出了家门。临出门前，他煮了一碗姜汤喝了下去。他去干什么呢？原来，他是去最熟悉的海边。来到海边，少年咬了咬牙，然后将身上的衣服脱掉，将两只鱼篓挑在肩上，整个人冲进了大海。

冰冷的海水、刺骨的寒风霎时间袭击着他单薄的身体，没有人知道这个少年的意图。但是，少年心中却清楚得很，他知道自己的家正陷在艰难中，父母几近绝望，他想要捕很多的鱼，想靠这些鱼让家里的情况好起来。

鱼儿们开始成群结队地向少年身边靠拢，有的钻进他的腋窝处，有的聚拢在他的腿弯里，还有的朝他呼气的嘴巴游过来。这位少年用腿部的力量游进海里，而他的两只手却不停地在水下忙乎着，居然轻而易举地便将一种名叫尖尖鱼的鱼装进了鱼篓。

原来，这些尖尖鱼有这样一个特性，每当寒潮来时，它们就会有很强的趋热性。这位少年正是运用了这一点，他凭借自己温热的身体作为诱饵，将大量的尖尖鱼吸引了过来，成为他的囊中之物。

可以说，这位少年不仅聪慧，而且还非常坚强。面对冰冷的海水，他没有犹豫，只为了心中那份可以让日子继续下去的信念。他付出了体力上的代价，将鱼捕回，同时也把自己深陷困境的家庭从绝望的边缘救了回来。

“时间顺流而下，生活逆水行舟。”这句人生的格言是在告诉我们：人生正如一片在大海里逆行的小舟，一旦放松警惕，就可能被一个浪头打翻。但是，当风浪来袭，如果我们紧握船桨，勇往直前，那么就能够安然度过，重新迎来风平浪静的海面。

现实生活中，很多人喜欢把某种不好的结果归结于命运的安排、上帝的造化，认为自己的失败是命中注定的。可往往越是这样想，就越容易失败。那么，我们应该怎么做呢？正确的做法是，不要依赖命运，而应该努力做命运的主宰，在那些看起来不可战胜的沟沟坎坎面前鼓起勇气、运用智慧，一点点地将其击败。

即使是“丑小鸭”，也要活得漂亮

“哎呀，我不行，我的模样不如某某，我也没有某某的才干，没有某某的好人缘，我是这些人中最差的一个了，我……”不要认为，这些人这样评价自己是因为谦虚。实际上，他们总是消极地将自己当成一只“丑小鸭”。

消极自卑的人，做事时往往放不开手脚，甚至缩头缩尾，无法发挥出自身最大的优势。他们只会抱怨，总觉得事事不如人，就算有好的机会摆在眼前，也不敢去抓，这样的人不仅不能好好地生活，更不能获得成功。我们不要因为自己不如别人而泄气，其实，即使我们是只“丑小鸭”，也能活得很漂亮，也能活出自己的精彩。

马苏晴是一个命运多舛的女人，谁都不知道刚过而立之年的她历经了多少坎坷。然而，这个文静、清秀的女人脸上却总是挂着自信的笑容，并能从容地行走在各种交际圈中，找到属于自己的精彩。

马苏晴出生在一个偏僻的山区，而且是山区里的贫困人家，整日吃着玉米面糊糊粥，穿着补丁打了又打的衣裳，但她从来不因此而自卑，总是微笑着与同学们一起学习、玩耍。当时她立志要靠自己改变命运，走出大山。

辛苦读书十几年，成绩优异的她终于考取了上海一所不错的大学。但是就在四处奔走凑齐了学费的几天后，积劳成疾的父亲却去世了。这个变故使得马苏晴不得不放弃读大学的机会，她用瘦弱的身躯背起了简单的行李，来到了上海，在非常偏僻的城边上租了一个矮矮的小平房，从此过上了一边自学一边打工的生活。

看着同事们一个个穿着时尚服装，住着雅致的小楼房，进出高档场所，说实话马苏晴有一点自卑，但是最终她还是选择了自信面对，积极主动地与同事们说话。这样一来，同事们虽然觉得马苏晴穿得有点寒酸，但也很乐意和她做朋友。

后来，马苏晴通过了某大学成教的毕业考试，她极强的工作能力也获得了上司和同事的肯定，被提拔为小组组长。而且她的坚强、自信，很快受到了一位优秀男士的青睐，两人最终喜结连理，现在生活过得有声有色。

马苏晴各方面的条件都不如别人，但当她发现这一事实的时候，没有因此而瞧不起自己，也没有陷入自卑的漩涡之中，而是自信满满、积极主动地去和别人交流，正是她的这一份自信吸引来了更多朋友的好感和支持，最终获得了成功和幸福。

“妈妈，我的眼睛为什么这么小？”“爸爸，我要减肥！”“不许你们说我牙齿不漂亮！”随着社会的竞争意识增强，孩子的好胜心理也越来越强。作为孩子的家长，我们会耐心去教孩子接纳生活的不完美，但我们自己呢？

人的一生中，难免会因为看到他人的优点而陷入自卑的“漩涡”中，固执地认为自己低人一等，会因此而萎靡不振。而有的人却能像故事中的马苏晴一样，一直保持自信，活得很漂亮。为什么我们就不能自信一点，为什么就不能像对待孩子的自卑那样对待自己，开导自己呢？

我们也有值得别人羡慕的地方，只是自己看不到罢了。我们没有必要因为缺乏健美的身材而气愤不已，也没有必要因为自己某方面的缺匮而自怨自怜。

她的出身很平凡，但一直渴望成为明星。可惜，在外人看来，她并不具备成为明星的条件，不但长了一张不美的大嘴，而且还长着一口暴牙。第一次登台演出的时候，她刻意地用自己的上唇掩饰牙齿，希望别人不会注意到她的暴牙从而专心地听她唱歌。结果，台下的观众看到她滑稽的样子，不禁哈哈大笑。

下台后，一位观众对她说：“我很欣赏你的歌唱才华，也知道你刚刚在台上想要掩饰什么，你是怕别人嘲笑你的暴牙对吗？”女孩听后，一脸尴尬。接着，这个观众又说：“暴牙怎么了？你没有发现因为它你才与众不同吗？别再为此自卑了，尽情去展现你的才华吧。也许，你的牙齿还能够给你带来好运呢！”

听了这位观众的话，女孩从此不再自卑，唱歌的时候她总是尽情地张开嘴巴，把所有的精力都置于歌声中。最后，她的名字——凯茜·桃莉享誉电影和广播界，甚至很多人都迷上了她那看起来非常亲切的暴牙。

凯茜·桃莉能够广受欢迎、获得幸福的人生是暴牙带来的好运吗？谁都知道这是玩笑话。但我们必须承认，当她不再过多地关注自己的暴牙，不再苛求完美，学着欣赏自己的美丽时，就会有更多的人被她所感染。

尺有所短，寸有所长，十全十美的东西是不存在的。我们应该做的是，允许不完美的存在，允许瑕疵的存在。只有不再抱怨自己的缺陷，尽量将自己的优点全部发挥出来，才能活得幸福。

不必对过去的苦难心有余悸

很多人害怕，是因为在过去经历了伤害、失败。被这些阴影笼罩，很多人都对过去的苦难心有余悸。其实，这样的害怕是不必要的。因为同样的经历，对智慧的人来讲就是经验、是教训，是迈向下一步的新台阶或垫脚石；对愚痴者来说，只不过是摧毁其生命意志的导火索罢了。

“一帆风顺”似乎只能在祝福语或者文艺作品中出现，而回归到现实，它则习惯性地和你玩移躲猫猫的游戏，让你找不到它。这也可以说，我们的生命总是难以一帆风顺的，总是避免不了这样或那样的苦难。

对于有的人来说，经历过的苦难是振作自己重新寻觅方向的力量，而对于有的人来说，则是令其心有余悸的魔鬼，每当提及或者想起来，就感到沉重无比。

著名剧作家萧伯纳这样说过：“对于害怕危险的人，这个世界上总是危险的。”对曾经的困难始终无法忘怀、总是心有余悸的人来讲，再经历苦难是不堪设想的事情，因此他们也就容易畏缩不前，其生命本身也就越来越脆弱，以致最后步履维艰，难以向前迈进。

其实，曾经的苦难就像纸糊的老虎，表面上看起来吓人，实际上一捅就破，没什么真本事。过去的事情，不管是好是坏、是顺利还是坎坷，都不会再对我们的生活造成实质性的影响，很多人之所以受其影响，只不过是心理作怪罢了。

从这个角度来讲，那些对于曾经的苦难心有余悸，进而导致其对现在乃至将来的生活充满恐惧的人，其真正的敌人并不是苦难本身，而是其自身。

看到这里，如果你也感觉自己就是被“纸老虎”吓住的人群中的一位，那么请你多往好处想一想、多思考一些快乐的事，转移自己的注意力、给自己积极的心理暗示，对自己说未来会越来越好。当你的心态乐观了，那么周围的一切就真的会变得美好起来。不妨试一试。

许也敏在一家物业公司上班，不管是面对同事还是业主，她总是一副乐呵呵的表情，从来看不到她唉声叹气的时候。

杨丽是和她一起共事的同事，她看到许也敏总是这么开心，便有些好奇，忍不住问道：“姐，你每天都乐呵呵的，是不是一出生就过得很顺利，从来没有遇到过委屈事呀？”

谁知，许也敏微笑着回答说：“我从小就没有父母，是个孤儿，哪能没有委屈事呢？”

听到这里，杨丽惊讶地瞪大眼睛，张大了嘴巴。

只听许也敏继续说：“我从小生活在孤儿院。六岁那年，我第一次被人领养，可是不到一个月就被送走，因为那对夫妇的女儿不喜欢我。从六岁到十岁，我被转送过三次，最后终于在一户没有子女的老夫妇家中安定下来。我的生活安定了，可是变得很没有安全感，很害怕又突然被送走。”

“还好，你安定下来了，不幸的日子结束了。”杨丽安慰她道。

“是的，我的生活安定了。”许也敏仍然微笑着，眼睛里却涌现出一层薄雾，“可是，我却变得很没有安全感，害怕又一次被送走、害怕彻底被人遗弃。除此之外，我还害怕开车时撞车、害怕家里突然着火、害怕我的养父母突然死去，总之，每天都是紧张兮兮的。”

“怎么会这样？可是你现在这么乐观，你是怎么调整的？”杨丽问。

“这都是因为我的男朋友，”许也敏眼睛亮了起来，“我的男朋友是我的大学同学，他是一个很理性、很乐观的人，他对我说，不要让过去的不幸和委屈影响现在的情绪，他还帮我分析，我所害怕的事情所发生的可能性是非常小的。为了让我相信，他带我去爬一座很陡峭的山，我很害怕会突然摔下去，他就一直鼓励我慢慢往上爬，一定不会出事。最后，我果真顺利地爬到了山顶。慢慢地，每发生一件事，我就会往好的那方面想，而不会再像以前那样，想象自己遇到了什么麻烦。”

“看来，你是完全从过去的不幸中走出来了？”

“差不多吧。我男朋友说得对，过去的不幸就是纸老虎，看着吓人，可是轻轻一捅就破了。人活一世，谁都会遇到点儿不幸，我不能让已经过去了的不幸影响我今后的生活。”

故事中，许也敏的精神的确值得我们学习。许也敏是幸运的，在男朋友的帮助下，她得以顺利地摆脱了曾经的苦难给自己的心理造成的影响，让自己过上了积极、快乐的日子。

每一个被过去的苦难和伤痛所牵绊的人，其实都可以像故事中的许也敏这样用积极的、正面的心态取代消极的、负面的情绪。我们要清楚地知道，大多数负面情绪不过是对曾经的苦难而产生出来的想象，它就是一个“纸老虎”，用其凶悍的假象掩盖了一捅就破的实质。

我们必须舍弃心中那些毫无缘由的幻想，摆脱它们对我们情绪的侵扰。同时我们还要认识到，曾经的苦难虽然让人痛心，但人生本来是短暂的，通过跟苦难做斗争，可以延长和拓展它的内涵和广度。换句话说，苦难让人生变得丰富。因此，与其让痛苦成为我们心理上的负担，还不如正视它，让它拓展我们生命的深度，帮助我们体会人生百态，丰富我们的生命。

第二章

正确认识你自己，世界从来就没有弱者

“认识你自己！”——这是铭刻在希腊圣城德尔斐神殿上的著名箴言，后来的哲学家都喜欢引用来规劝世人。觉得自己不如他人，那是你没有发现自己。每个人都隐藏着巨大的能量，人之所以有强弱之分，只不过是有没有挖掘和发现而已。所以，当你学会认识自己后，你就会发现自己原来是如此的强大。

人贵在自知，难在自知

人唯有自知才能认清自身的缺憾，才能扬长避短，才能知道自己的能力究竟有多大。但遗憾的是，很多人总是自认为很了解自己，可真正具有自知之明并非易事。也正因为难在自知，所以有很多人经常看不到自身的缺点与不足，也不能很好地发挥自己。他们常常因为误判而不敢去做更适合自己做的事，走很多弯路。

现代知名作家贾平凹曾这样说过："要认识自己并不容易。我可是花了好几年的时间呵！"

原来，贾平凹在上大学时非常喜欢诗歌创作，虽然写了上千首诗，但大多质量一般；后来，他开始了古体诗的创作，但没有取得大的成绩；再后来，他又尝试写评论、散文、随笔等，同样没有取得成功。

就这样，贾平凹浪费了好几年时间，直到一个偶然的机会，他发表了一篇短篇小说并引起读者的强烈共鸣后，他这才发现，小说才是最适合自己的创作形式。

贾平凹通过不断地摸索才发现自己的优势，最终成为文坛翘楚。

很多人认为自己很了解自己，相信自己能够对自己进行正确的判断，但事实并不是这样的，从心理学的角度说，人很容易受到外界因素的影响或暗示，从而在判断和衡量自己时出现偏差，造成对自身认识不准确。正所谓："不识庐山真面目，只缘身在此山中。"

爱因斯坦一直认为能正确地认识自己，直到 16 岁那年听了父亲讲的一个故事，他才对如何认识自己有了深刻的理解。

这天，父亲对他说："爱因斯坦，昨天我和你杰克大叔去清扫一个大烟囱，我们踩着里面的踏梯往上爬。你杰克大叔在前我在后。我们抓着扶手费了很大的力气才爬上去。下来的时候，我们依然一前一后往下走。当我们钻出烟囱后，我发现你杰克大叔的后背、脸上全是烟囱里的烟灰。

"我马上跑到河里洗了个澡，而你的杰克大叔只在河边洗了洗手。

"我很奇怪，就问你的杰克大叔：'你什么不洗个澡呢？'没想到你的杰克大叔却反问我说：'我为什么要洗澡？你又为什么要洗澡呢？'

"'这样脏，为什么不洗洗呢？'我说。

"'难道我很脏吗？'杰克大叔却反问我。

"后来我们才弄明白，你的杰克大叔身上有灰尘，但我的身上干干净净的，我们却并不清楚这一点，只习惯性地从对方的形象中猜测自己的样子。我看见你杰克大叔脏兮兮的样子，以为自己和他一样，于是就到河里去洗了澡。而杰克大叔看到我比较干净，于是就以为他自己也是干净的，所以就没有洗澡了。"

爱因斯坦听了笑了起来。父亲对他说："一个人很难知道自己是什么模样的，只有自己才是自己的镜子。拿别人做参照，要么是白痴会把自己照成天才，要么是天才会把自己照成白痴。"

所以说，一个人发现自己本身就是一门学问，因为人们总认为自己是了解自己的，其实很多人在"认识自己"的道路上还是一个雏儿。古往今来，所有的成功人士莫不是在准确认识自我的基础之上扬己之长避己之短，并选择适合自己的道路，采取适合自己的方法，才实现了最后的成功，而那些失败的人们从根源上来讲都是败于不自知。所谓"知己知彼，百战不殆"，正确认识自己的优势是人成功的基本出发点。

只有正确认识自己的人才会以更快的速度到达成功的彼岸。那么，我们如何能认识自己呢？

发现自己首先要“知己”，而所谓的“知己”，就是要看到自己的实力，明确自身的优点和缺点，既不盲目自大，也不妄自菲薄。对自己的实力有个客观公正的判断。要想正确地认识自己，一定要用辩证的方式来看待自己。在分析自身时候，要尽保持冷静和客观。既不要自我膨胀，也不要过分地自轻自贱。要对自己进行理性分析，积极地吸收和借鉴他人的意见，有效地甄别和过滤那些猜测与妄断。这样，自知就不难了。每个人都不是十全十美的，在竞争中明白自己的软肋在哪，自身的长处是什么，这样才能够扬长补短，让自己立于不败之地。

你是谁？过去的你不是你

你是谁？当他人这样问你的时候，你的内心在想些什么？你是不是着急忙慌地在自己的头脑中闪出无数过往的画面，然后，你在总结了这些画面的基础上，志满意得的或者垂头丧气地告诉问者：“我是一个成功者”“我是一个失败者”“我是一个画家”“我是一个学生”“我是一个奴隶”……

我们会发现，当回答“你是谁？”这个问题时，几乎每一个人都不得不从过去的经验里总结出一个合乎自己现在状态的身份。这是人们自我认识的一个普遍规律。我们总是要从过去他人对自己的评价、自己的各种行为中来自我界定、自我认识，这本无可厚非。但是，我们也应该警觉，这样毫无顾虑地对自己进行界定，往往会蒙蔽自己对自己潜在能力的认识，限定今后自己的发展道路。

丹麦哲学家、神学家索伦·科尔曾说：“你一旦给我贴上标签，你就是在否定我。”是啊，当一个人被别人贴上标签的时候，这个人的潜在能力就已经遭到了他人的忽视。同理，当我们给自己贴上标签时，我们也已经放弃了发展其他潜能的可能。

这是一个到处贴着标签的世界。商店橱窗里贴着标有商品价值的标签，制服上贴着区别不同工种的标签，不同单位的门前摆着表明各自职能的标签……标签已经成为我们界定这个世界的唯一标识，以至于加西亚·马尔克斯在他的诺贝尔文学奖获奖作品《百年孤独》中描写出了这样一个情节：

马孔多的村民在失眠症的侵扰下开始慢慢地失去记忆，以至于阿德里亚诺家族的人不得不将自己家里的东西贴上标签，才能识别这些东西的作用。但是，当记忆完全失去的时候，谁又能知道鸡蛋和桌子的区别呢？为了把握这个丰富多彩的世界，人类不得不将其分类打包，区别对待。

在这种集体的无意识之中，人们也爱上了为自己贴上一张标签。这张标签有时来自他人，有时来自自己，但更多的时候却是二者的综合。

通过这张标签，我们确定了自己的身份，感知到了自己的存在。存在感，这是我们可以心态平和地生存下去的重要原因。但是，当我们时刻感受到自己的存在感时，我们也正沉溺于过去的历史当中。太阳每天都是新的，新的事物在不断地出现，而存在感却在阻止着我们去尝试新的东西。因为，当我们接触到这些新的事物时，我们通常会因为无所适从而感到焦虑不堪。于是，标签成为了我们逃避现实的一个十分有效的借口。当我们接触陌生的数学知识时，我们可以说“我是文科生”，从而加以拒绝；当我们需要增加自己的计算机技能时，我们可以说“我是老年人”，从而逃避。一个标签，可以给我们提供众多逃避的借口。无论什么时候我们想逃避一种活动，无论什么时候我们想掩饰自己能力的不足，我们都可以为自己找到一个合适的标签。

当你对自我加以界定，并喜欢上以标签来推搪事情的时候，你就注定在今后的日子里无法获得更多的发展。你会保持原状，你会丢掉发现更多自己的机会。这样的话，我们也就不难理解，一个学习不好的人为什么无法提高自己的成绩，一个生性腼腆的人为什么越来越孤僻。因为，当他们被这些标签所束缚的时候，他们就会做出符合标签所界定的行为，而这些行为又会进一步加深他们对自我的既定认知。

标签是一种对过去的评价，我们不能将标签认为是一生的论定。因为，我们的内心为我们储备了无穷的智慧和潜在能力，我们必须灵活多变地将它们开发出来。这样，我们才是一个发展的人，一个完整的人。为了消灭掉既定的标签心理，我们必须认真做好如下几个方面。

一、打破过去的刻板思想。每个人都是从过去中成长、发展的，过去给我们提供了养料，但是也禁锢了我们的思想。因此，我们必须打破过去所形成的刻板思想，使自己对新出现的事物产生足够多的兴趣，使自己乐意去尝试新的东西，不断地丰富自己。“问渠那得清如许，为有源头活水来。”对于堵塞我们思想源头的石头，必须马上除去。

二、认识到标签的危害。标签的危害上文已经进行了详细的论述，这里只想再次强调，以便引起你我的重视。我们不是商品，我们不是从模子中出来的成品，我们是具有极大可塑性的人类，我们有无限的发展可能。

三、制定不同于以往的计划。循规蹈矩限制了一个人的创新能力，使我们无法发现自己所具有的其他方面的潜力。制定一个不同于之前的计划，并马上加以实行，弄清楚自己在哪些方面还具有发展的潜力。

四、请一些朋友进行监督。一个拥有坚强毅力的人，是不用别人监督的。但是，大部分人却经常缺乏这种可贵的品质，因此，我们必须需要一些人来对自己进行监督。监督的好处有二：一是促使自己顺利完成改造标签心理的计划；二是如果在执行计划的过程中出现了偏差，可以有人及时地对你加以提醒。

五、树立一种坚定的信念。只有强大的信念，才能摧毁既有的观念，占领心灵的高地。当我们不停地对自己进行积极暗示的时候，我们的内心便会建立起一种牢固的信念。因此，在消除标签心理的过程中，我们可以用同样的方式来达到我们的目的。对着自己的内心，请真诚地默念：“过去的你不是你”。

过去的你不是你，你是早晨喷薄而出的朝阳，你时刻都是新的，你拥有着广阔的前途，众多的潜力。过去的你已经消逝，当前的你才冉冉升起。不怀念过去，也不陶醉于未来，你就是当前的你，一个拥有无限塑造可能性的你。

不要小看自己：你就是钻石

如果失明了，我们将怎么办？在生活中，我们可能会遇到类似的问题。当一个人失去光明，陷入黑暗的深渊时，他必然会陷入焦虑之中。对于一个人来说，视力是发挥自己才能的必要保证。如果失去了视力，我们将会完全丧失掉生存的能力，无法再体会到自己的存在价值。很多人都是这样的想法吧！失去了眼睛，我们将一无是处。

不要灰心丧气，请记住，只要我们还是作为一个人存在于这个世界上，我们就是发出夺目光彩的钻石！每个人都有其自身的长处。当上帝为我们关上一扇门的时候，必然会给我们打开一扇窗。我们所要做的就是找到它，发扬它。

盲人可以做什么？在黑暗的世界中，盲人将会为我们呈现出最为斑斓绚烂的世界。

柯达公司在制造感光材料时，需要一部分工人在暗室中工作。可是，长期处于暗室之中，对于一个有着正常视力的人来说是难以适应的。这就好比一名司机在黑夜中行车，却发现自己没有车灯用以照明。因此，在初期阶段，柯达公司生产感光材料的效率十分低下。这时，有人向公司的管理层提出了一个有建设性的意见，那就是招聘盲人来生产感光材料。由于盲人已经适应了在黑暗中生活，所以只要稍加培训，他们就可以胜任此项工作。柯达公司的管理者采纳了此项建议，把暗室的工作人员全部换成了盲人。结果，生产效率较之以往有了大幅度的提升。

世界上一个普遍的常识就是："人无完人，没有一个人是尽善尽美的"。当你在羡慕他人的一技之长时，你就是在浪费着自己的天赋，挥霍着自己所蕴藏的钻石矿。我们必须充分地肯定自己，积极地开发出属于自己的钻石。

一直到9岁，著名的物理学家爱因斯坦仍然不能够运用语言与他人流利地进行交流。为此，他的父母一度怀疑自己的儿子是否是一个低能儿。上中学时，除了数学外，他每门功课的成绩都十分糟糕，以至于他的老师认为他毫无前途可言，要求他离开学校。爱因斯坦确实一直没有表现出任何可能成功的迹象，即使是在考大学时，他也是经过两年的考试，才被苏黎世理工学院录取。大学毕业后，他又遭遇到了就业的问题。在别人眼中，爱因斯坦是一个不折不扣的失败者。可是，在爱因斯坦的心中，他却十分清楚自己将在哪个方面取得成功。进入大学后，他一直专心致力于物理学的学习与研究，在他处于失业的时期中，他并没有荒废自己的研究，而是初步形成了相对论思想，为之后相对论的问世打造了基础。

英国发明家詹姆斯·瓦特从小体弱多病，以至于经常遭到同龄人的羞辱，被称为"软蛋、无能儿"。虽然在身体上孱弱，但是瓦特在心灵上却是强大的。他善于观察，乐于思考，并且具有坚强的毅力。正是凭借着钻石般的品质，瓦特发明了工业史上的第一台蒸汽机，对工业革命的产生起到了重要的推动作用。

英国生物学家、生物进化论的提出者达尔文在少年时代的学习成绩也是一塌糊涂，以至于他的父亲对他说出了这样的话："除了射猎、玩狗和捕捉老鼠外，你什么都不感兴趣。将来，你不仅会葬送自己，还会给我们的家族丢脸。”对于父亲的训斥，达尔文并没有放在心上，依然我行我素。当他发现自己对自然史很感兴趣时，就一头扎进自然史的研究之中。而且为了研究自己钟爱的生物学，他还参加了1831年皇家海军勘探船“贝格尔号”组织的环球旅行。这次探险活动对达尔文一生影响深远，正是通过此次旅行，达尔文将沿途的发现做了详细的分析、总结，进而提出了生物进化的理论。

由此可见，我们每个人身上都潜藏着不易为人察知的优点。这些优点就像是价值连城的钻石矿，一旦被发掘，就会为我们带来巨大的财富。

每个人都是世间的一颗钻石。起初，我们朴拙如石，甚至让人觉得十分丑陋，以至于我们自己都有可能心生嫌弃。可是，当这块璞石经过我们耐心仔细地琢磨之后，就会闪耀出最为光彩夺目的光芒。

“人人皆可为尧舜”，关键是我们如何找到琢磨自身的方法。但是，在这里，我们要说的是：不论是否能够找到琢磨自身的方法，我首先要做的是，在我的心中树立起一个坚定的观念，即我就是钻石！我必将放出耀眼的光芒！

一个人的潜能是无限的

潜能，即一个人的潜在能力。它存在于我们每个人的身上，等待着我们去发现。如果我们能够发现并利用这种力量，便可以成就我们所向往的一切。如果能够唤醒这种潜在的巨大能量，我们往往可以创造出奇迹。

曾经有催眠家做过这样的表演，来展示潜能的巨大威力：催眠家首先将一个普通人催眠，然后用两张椅子支撑着这个人的头和脚，中间则没有支撑，让身体处于悬空的状态。一切准备就绪后，催眠家让四五个人站在被催眠者的身体上。这时，奇迹发生了，这位被催眠的人竟然可以支撑住这四五个人的重量。然后，催眠家在他身上放了一块木板，让一匹马站在上面，这位被催眠者仍然可以承受住如此巨大的重量。这样不可思议的事情为什么会发生？因为按照常理，一个普通人绝不可能承受住四五个人或者一匹马的重量，况且自己的身体下面还毫无支撑。能够给出合理解释的就是，这个被催眠者自身的潜能。在催眠的状态下，他进入了无意识之中，而屏蔽了意识的作用。因此，当有四五个人站在他的身体上时，他不会觉得自己没有能力承受，而是在无意识之中，激发了自己潜在的能量。

由此可见，在我们的潜意识深处，有着无限的能量。这些能量静静地潜伏在我们的心中，只等我们将其挖掘、激发出来。

比如对于语言来说，很多人都觉得自己毫无天赋，自己根本没有能力熟练地掌握一门语言。是的，这是事实。但是，这却不是我们最终的宿命。科学家在研究报告中曾指出，如果我们充分开发自己的大脑，我们完全可以毫不费力地掌握几十种语言。

丘吉尔直到中学毕业时，他的成绩还一直不好。这个爱尔兰人被自己的老师认为是低能、迟钝的人，将来不会有多大出息。但是，丘吉尔并没有因此而对自己失去信心。他刻苦学习，并在印度从军期间阅读了大量的书籍。经过自己的不断努力，他掌握了 4 万多个单词，成为了掌握英语单词数量最多的人之一。后来，他在就任首相时发表的就职演说——《我没有别的，只有热血、辛劳、眼泪和汗水贡献给你们》，成为了演讲的一篇经典范文。

英国人克·德姆斯·皮锲在 16 岁时，就基本上掌握了欧洲全部的语言，并自学了阿拉伯语和汉语。

德国的格斯基尔马教授到 82 岁时已经掌握了 120 种语言。

前苏联的奠基者列宁不但精通德语、法语和英语，而且可以流利地运用意大利语、波兰语进行阅读和写作。此外，他还懂得捷克语和瑞典语。

俄国大文豪列夫·托尔斯泰，精通德语、法语、英语。他的巨著《战争与和平》中就有很多内容是运用法语写就的。不仅如此，他还可以驾轻就熟地翻译意大利语，通晓古希腊语、拉丁语和希伯来语，还懂得波兰语、乌克兰语。在他的私人图书馆中，就陈列着14种不同语言的作品。

俄国军事学家苏沃洛夫元帅则在战争期间坚持学习，最终掌握了8个国家的文字。在他订阅的报刊杂志中，就有俄文、德文、法文、波兰文等多国文字。

……

由此看来，语言的掌握并非是一件无法企及的难事。无法企及的难事是我们无法认识到自己拥有无限的潜力。

世界上之所以有数量如此庞大的平凡人，正是因为他们还没有意识到自己身上的潜能，还没有试着去打破自己的先天缺陷。他们囿于因先天缺陷而产生的自卑中，因此无暇顾及开发自身的宝藏。如果你愿意开放你的心灵，接受现在的自己，并为现在的自己而骄傲，那么你就可以摆脱自卑的恐惧，进而信心满满地去改造自己的先天缺陷。如果你可以深入到自己的潜意识之中，你就能够发现生命的源泉。一旦你汲取了这生命的泉水，你将获得取之不竭的活力。而成功正是由此而来。

每个人都有着无限的潜力，它就在我们的身体中悄悄潜伏着。而我们所要做的就是，找到破解它的密码，并掌握运用它的技能。

在很多时候，我们都可以感受到一种潜在的力量正在蠢蠢欲动，试图冲破我们意识的束缚。比如，当你失去挚爱朋友的时候，当你处于千钧一发、生死攸关的境况之时，当你从一本书中获得激励的力量时，这种潜在的能量会在你毫无准备的情况下喷薄而出。试着去激发你的能量，因为不论你通过什么方式将其激发出来，你都会迥然于昔日平庸的自己，进而成为一个大有作为的人。

认识自己的优点，发挥优点

我们经常会碰到这样一个问题："请问您觉得自己的优点是什么？"有人说优点是自信，自信让一个人迈着坚定的步伐前进；有人说优点是有志向，志向为人生指明了前进的方向；有人说优点是学历，学历是成功的试金石……还有很多人没有好好地总结一下自己的优点到底是什么。

张得七经过精心准备，背了一大包的资料、证书、剪贴本，到一家著名的民营企业去应聘，面试时，考官边翻看张得七的简历边问："你有什么优点？"

张得七虽然没有读大学，可是他花了8年时间参加自学考试，拿到了两张文凭。他认为这是自己最大的优势，于是坚定地说："我参加了自学考试，获得了两个大学文凭……"考官摇了摇头说："我们有30%的员工拥有双学士和研究生以上的学历，您的自考学历称不上优势。"

他没有想到考官这么不客气，但这时他并没有灰心，马上又接着说："我曾当过兵，参加过抗洪救灾，比较能吃苦……"考官打断他，摇摇头又说："我们这里保安都是当过兵的，可是我们现在保安已经满员了。"

为了能取得这家公司的一个职位，他说出了很多自己所认为的优势，喜欢写作，有较好的文字功底等，但考官最终还是婉言拒绝了他。张得七泄气了，额头上冒出了汗，感到可能大势已去，一边收拾资料，一边往包里放。考官正准备让人事小姐叫下一位时，他又想到一件事，于是又急切地说："过去我们企业有一次资金周转困难，我拿出自己即将结婚用的2万元钱为公司渡过难关，这是我们的企业报对我的报道。"

主管看着张得七递过去的报纸，抬眼说："就这个吗？"

他趁着考官还没有叫下一位的时候，不失时机地又说道："还有一次，一位同事晚上说肚子痛，我看他痛得在床上打滚儿，虽然已经是凌晨2点钟了，但我还是立即背着他，打的把他送到医院。后来诊断为阑尾炎，马上进行了手术。后来那位员工的父母还专程从老家赶到公司来感谢我，给我写了感谢信，贴在工厂的大门口。"

张得七说的都是一些他过去做过的，而且令自己实实在在感到自豪的事情，主考官终于露出了笑容，他凝神片刻说："这些事反应出你拥有和他人不一样的优点，你被录用了。"

其实，每个人都有自身的优点，但是任何优点都不是绝对的。任何优点都是具有变化性和比较性的，原来也许没有多少优点，但随着事物的发展，优点就有可能变得多起来；现在是优点，将来也许就不是优点。任何优点又都是相比较而存在的，和甲比是优点，和乙比可能就不是优点；在一定范围内是优点，但在更大范围内可能就不是优点。

在传统观念中，缺点、缺陷一直被认作是成功道路上最大的敌人。因此，对于缺点，我们必须通过各种细微的细节来发现它，进而改正它。在传统观念的影响下，人们往往更愿意花费大量的时间、精力来改正自己的缺点，而忘了留下一部分时间和精力来发扬自己的优点。

在期末的数学考试中，汤姆考了95分。放学后，他兴奋地拿着自己的试卷回家，以期望得到父母的表扬。

汤姆的父母平时对汤姆要求很严格，总是希望汤姆可以做到尽善尽美。于是，当汤姆将自己的试卷放在父母的面前时，他们眼中并没有看到这鲜红显眼的95分，而是看到了其中失去的5分。于是，他们严厉地问汤姆："那5分去哪了？"

看到这个小故事，你是否有似曾相识的感觉？在生活中，你是不是也因为没有做到尽善尽美而被逼问造成这一切的原因？我想，大部分人可能都遭遇过这样的问题。

毋宁说，人们在追求改善自身缺点的过程中，已经忘记了自己还具备的那些优点。所以，即使我们开始重视自己的优点，我们也无法清楚地了解到自己到底具备何种优点了。美国管理大师德鲁克曾经说过："大部分美国人不知道他们的优点何在。如果你问他们，他们就会呆呆地看着你，或文不对题地大谈自己的具体知识。"

然而让人觉得讽刺的是，人们虽然对自己的优点置若罔闻，却往往对他人的优点了如指掌。是的，这看起来让人觉得讽刺，但是，仔细思索一下，却又合情合理。人们往往将自己的目光投射在他人的身上，通过与他人的比较，人们改善着自我，发展着自我。可以说，他人是自己认识自我的一面镜子。正是在这样的心理支配下，人们对他人的优点产生了无限地渴求，因而也无限地放大了自己的缺点。可是，我们必须懂得：如果我们不能够以自己的优点来创造自己的生活，那么我们无异于在毁灭自己的生活。对此，马克·吐温和歌德想必是深有体会的。

在写作事业取得成功之后，马克·吐温的自信心开始急剧地膨胀。当他看到别人通过经商取得了比他更多的财富时，他毅然决然地投身到了商海之中。最初，他投资开发打字机，但是这一项目不仅没有给他带来财富，还让他赔了5万美元。对于这笔巨大的损失，马克·吐温发誓要用经商将其补偿回来。于是，他又创建了一家出版公司。但是图书出版和写作是风马牛不相及的事情，马克·吐温在出版事业中再次遭遇滑铁卢。不仅公司破产倒闭，而且自己还陷入了债务危机。

通过商海的浮沉，马克·吐温领悟到自己的优点还是在写作、演讲方面。于是，他又重新开始自己之前的写作、演讲事业。在写作、演讲领域，马克·吐温如鱼得水，不仅为自己赢得了更大的声誉，还清偿了自己因为经商所欠下的债务。

充分发挥自己的优点，才能在短暂的生命、有限的精力限制下取得最大化的成就。盖洛普曾经提出过一个优点理论。在优点理论中，盖洛普指出，成功的人虽然取得成功的途径各有不同，但是有一点却是相通的，那就是扬长避短。是的，只有优点，才是你鹤立鸡群的最大资本。当你在追求弥补自己的缺点时，也请留出一部分时间来进一步提高、巩固自己的优点。因为，只有拥有一技之长，只有充分发挥自己的优点，才能使你能够站在成功的最高峰。而过分地关注自己的缺点，不仅会使你产生强烈的自卑感，还会极大地消耗自己有限的时间和精力。退一步说，即使你弥补了自己的缺点，如果没有突出优点的话，你也只能是一个四平八稳、平庸无为之人。

因此，如果想要取得成功，就要充分地发挥自己的优点。如果你还没有认识到自己的优点，那么请赶快将其找出。

缺陷在一定的时候也能变成优势

有人说，处于优势的人总是比处于劣势的人强，成功者也总是处于优势地位。因为优势就是优势，劣势就是劣势，它们之间泾渭分明，关系是对立的，它们之间有着不可逾越的界限。

但是，任何事物都不是绝对的，劣势和优势有着诡异之变：优势和劣势在一定条件下会互相转化。所以，我们不怕自己有更多的劣势，怕就怕不去考虑如何能将劣势转化为优势。有些劣势只要能利用得好，就能成为一个人的优势。

有一个小男孩在一次车祸中失去了左臂，因为对柔道很感兴趣，于是他拜了一位柔道大师学习柔道。但让人意外的是，在半年时间里，柔道大师只教了这个男孩一招。

小男孩忍不住问师傅："我为什么不再学其他招数？"

师傅回答说："对于你来说，会这一招就够了。"

虽然小男孩不明白为什么，但他很相信柔道大师的话，依旧继续照着练了下去。

又过了几个月后，柔道大师第一次带小男孩去参加比赛。小男孩居然轻松地赢了前两轮。第三轮虽然对手连连进攻，但男孩在左躲右闪后，快速施展出那一招，还是赢了比赛。

最后，小男孩进入了决赛。

决赛时的对手高大又强壮许多，甚至比他有经验。在前一段时间的较量中，小男孩有点招架不住。裁判看到小男孩是个残废，担心这样比下去会受伤，就打算就此终止比赛。然而，柔道大师坚持继续下去。

对手看到小男孩好像不堪一击，就放松了戒备，小男孩抓住机会使出自己的那一招，制服了对方，最后夺得冠军。

小男孩回家后问柔道大师："师傅，我怎么凭一招就能赢得冠军？"

柔道大师答道："因为你只有一个胳膊，所以你很容易掌握柔道中最难的一招，而对手破解这一招唯一的办法是要抓住你的双臂。"

小男孩因为没有左臂，所以对手没有办法破解他这一招，他最大的劣势变成了最大的优势。

人人都有自己的劣势，人人也都有自己的优势，如果一个人能充分地认识和利用自己的劣势，那么劣势也可能转变为优势。所以，只要懂得扬长避短，劣势就能变成特点或优势。所以说，人的劣势未必就一定是劣势。

生活中有很多人都执着于自己所缺少的部分：工资比别人少，房子比别人小，工作比别人累，快乐比别人少……他们看到的只是自己的劣势，所以，处于一种贫乏而倦怠的状态。这样的生活状态下，他们的生活变得越来越平淡而缺乏生活乐趣。其实，他们并不像他们所想象的那么糟糕。他们所看到的，只是生活的一方面而已。如果懂得换一种方法去想问题，他们会发现：劣势原来也是自己的优势。

到目前为止，在美国整个职业篮球联盟中，博格斯是最矮的一个。博格斯很矮，但他能在巨人如林的篮球场上竞技，并且跻身大名鼎鼎的NBA球星之列。

有人或许会说，作为NBA的球员，身高是第一位的，博格斯没有足够的身高——甚至和普通人相比，他都是个"二等残废"。那么，是什么促使他选择篮球的呢？又是什么让他成为一个篮球明星呢？

原来，博格斯的成功主要归功于乐观的心态。

博格斯从小就很喜爱篮球，可因长得矮小，伙伴们都瞧不起他。有一天，他伤心地问妈妈："妈妈，我还能长高吗？"

妈妈鼓励他说："博格斯，你不仅能长高，而且还会长得很高很高，会成为人人都知道的大球星。"从此，博格斯就一直认为，自己绝不会一直这样矮，一定会长高的。

"既然自己还能够长高，那就不用担心什么啦。"博格斯放心了。他明白，作为一个职业球员，一定要有精湛的球技。于是，博格斯开始苦练篮球技术。在博格斯看来，把球技练好，自己也长高了，也就能进入美国职业篮球联赛了。

可是后来博格斯发现，自己不能再长高了。但这时，身高对他来说已经不重要了，因为在大学联赛的赛场上，人们看到他凭借自己个矮的优势飞速地运球过人和成功地抢断。因为表现突出，不久就被球探招进NBA。

相关专家分析说："夏洛特黄蜂队的成功在于蒂尼·博格斯的矮。"博格斯技术好，他发挥了矮个子重心低的特长，从而成为一名断球能手。

当然，劣势转化为优势是有条件的，在第一个故事中，如果小男孩练不出那制胜的一招，那他的劣势永远都只是劣势。另外，还要找到让劣势变成优势的平台。如果博格斯不是在篮球场上发挥自己个子矮小带来的灵活迅速等优势，那么，他的劣势也不会成功地转化成优势。所以，我们要充分认识自己的劣势和优势，既要充分发挥自己的优势，又要创造合适的、利于劣势转化的条件，争取把自己的劣势转化成为优势。

你不妨检查自己有哪些优势和劣势，面对劣势，找到让劣势变成优势的平台，这样，你就会成为一个有优势的人。

要看到强项，更要认识弱项

很多人认为，成功必须要克服自身所隐藏的弱项，因为身上所隐藏的弱项是一个人走向成功的障碍，只有认清和克服自身的弱项，才能走向成功。

的确，一个人最难克服的就是自身的弱项，这些弱项主要包括贪婪、嫉妒、懒惰、吝啬、悲观、拖沓等。人们也只有找到克服这些弱项的方法与途径，剔除自己迈向成功的最大阻碍，才能顺利抵达成功的彼岸。

其实，弱项是成功的障碍并不是绝对的，弱项是一个人的短板，认清你的弱项，办事的时候针对这些弱项下手，就会使事情达到事半功倍的效果，从而更能顺利地走向成功。这就像汛期的长江大堤，稳固坚实的那段河堤具有防洪的优势，但是，要想预防洪水，还必须找到脆弱的那段河堤，这样，才能让整个大堤具有良好的防洪功能。

所以对一个人来说，认清自身的弱项和认清强项一样的重要。一个人只有认清强项和弱项，才能真的“得势”。

李丽丽大学毕业后进入了一家化妆品公司做了一名市场调查员。李丽丽每天的工作是在街上向路人发放调查表格。后来，因为她工作努力，公司让她进入销售部。随着她自己的不断努力，她很快被公司提升为销售主管，在荣升为销售主管之后，她进一步加深了对化妆品行业的认识，她的业绩几乎占了全公司的一半以上。

因为长期在化妆品领域工作，使她对化妆品行业了如指掌。有朋友建议她说："你有这样的强项，为什么不自己创业呢？"。

几年之后，在朋友的建议下，李丽丽凭着自己稳固的人脉资源，从公司辞职，创办了自己的公司。

但事与愿违，李丽丽的公司效益一直都不好。为什么打工的时候在这个行业能如鱼得水，而到自己创业的时候就举步维艰呢？李丽丽不知道问题出在哪里。

当她咨询过专家后，专家告诉她，李丽丽有做销售的经历，公司有渠道优势，但是，经营一个公司需要的是各方面都要具有一定的优势。李丽丽没有意识到，自己最大的缺陷是缺乏全方位的管理经验，这是公司举步维艰的原因。专家建议她找一个职业经理人管理公司，让她自己去做公司的销售。

在所有成功人物的奋斗史中，他们都是避开自己的短处，将自己的强项发挥出来，才取得成功。而李丽丽只看到自己有丰富的销售经验，没有看到自己管理经验的不足就贸然创业，这是她创业受阻的原因。李丽丽没有分析自己的强项和弱项，没有在做职业经理人和销售主管间比较衡量自己，想当然地去做。她不了解自身的弱项和创业所要具备的强项，她是用自己的弱项来打拼创业了，所以失败也是一种必然结果。

每个人都有弱项和强项，在成功的道路上，只有认清强项和弱项，才能扬长避短；只有认清自身的劣势，才可能找到成功。

田忌是齐国大将，非常喜欢赛马。有一次，田忌与齐威王进行一场比赛。他们把各自的马分成上、中、下三等。比赛时，田忌用上等马对齐威王的上等马，用中等马对齐威王的中等马，用下等马对齐威王的下等马。由于齐威王每个等级的马都比田忌的马好，所以田忌总是输。

田忌很扫兴，垂头丧气地准备离开赛马场。但他的好朋友孙膑要他再赛一次，说有办法准能让他取胜。

一声锣响，比赛开始了，孙膑先以下等马对齐威王的上等马，输了第一局。第二场比赛，孙膑拿上等马对齐威王的中等马，获胜一局。第三场比赛，孙膑拿中等马对齐威王的下等马，又战胜一局。比赛的结果是三局两胜，这样，田忌就赢了齐威王。

这就是我国古代“田忌赛马”的故事，同样的马匹，同样的规则，田忌之所以能赢，是孙膑看清了田忌马匹的强项和劣势所在，通过调换比赛的出场顺序，从而得到转败为胜的结果。所以说，完全认清强项和劣势我们就会得到成功的结果。所以，在认识强项的同时，我们一定要看到弱项的所在，这样，才能强化既有强项，才能让自己真正有强项。

崇拜你自己，你就会最棒

如果有一天，有人问你最崇拜的偶像是谁，你可能会一时愣在那里，半天答不出来。是的，活了这么多年，这个问题还真没认真想过：我最崇拜的偶像是谁呢？是成龙吗？是奥黛丽·赫本吗？是爱因斯坦吗？是比尔·盖茨吗？

假如你有勇气对全世界大声说：“我崇拜我自己！”你可能会受到非议，甚至还会有人向你扔来臭鸡蛋。因为你太平凡太渺小，简直不值一提，就像一根小草，在花丛中是那么不起眼。可是，你真的那么渺小，那么微不足道吗？德国哲学家黑格尔说："人应该尊敬他自己，并应自视能配得上最高尚的东西。"你不能觉得自己渺小，也不用去崇拜偶像，因为你自己就是最棒的。即使在苦难中久久地挣扎，只要你在这个世界上，就是一个顶天立地的"巨人"。

只要懂得欣赏自己的价值，就不会在凄风苦雨中自暴自弃，也不会失去勇气和自信。其实每一个人都是最优秀的，只要相信自己，就能够得到他人的信任。然而现实的情况又是怎样的呢？人们总是很轻易地看到别人的优秀，却对自身的优秀视而不见。人们总是习惯地对那些"优秀"的人顶礼膜拜，而不知道自己就是最棒的那个人。

古希腊大哲学家苏格拉底在生命的最后九天里，为了让自己的思想能够传承下去，便让自己的助手去寻找一位最优秀的人来做自己的关门弟子。"我希望这个人是最优秀的，他不但要有非凡的才学，还要拥有足够的自信与勇气。"苏格拉底对助手这样交待说。可是，这位助手苦苦找寻，去了很多地方，都没有合适的人选。

时间就这样一天天地过去，苏格拉底已经病入膏肓了，眼看着就要离开这个世界。可是助手一直没有找到那个最优秀的人。助手很自责，他来到苏格拉底的面前，十分失落地说："对不起，我没有完成您最后的心愿。"

苏格拉底听了助手的话，用最后一丝气息说："其实，我心里那个最优秀的人就是你自己，我希望将毕生的思想都传授于你，可是你太不自信了，将自己忽略而去寻找别人。"说完这几句话，苏格拉底便离开了人世。而那位助手也非常后悔，在自己的整个后半生他都在思索一个问题：我自己就是那个最优秀的吗？

现实生活中，很多人常常觉得自己不够优秀，将来肯定做不了什么大事。他们在苦难中沉沦，不愿意做出尝试，也不敢挑战自己，而是甘心忍受屈辱，扮演"丑"的角色。事实上，每一个人都是最优秀的，我们永远不知道隐藏在自己身体里的能量有多么巨大，但是可以肯定的是，只要我们对自己满怀信心，那么这些潜在的能力就会得到开发利用。

不用再去羡慕别人，因为我们自己就是最棒的。将自己当成“偶像”我们会活得更有力量，也能够在无形中不断地完善自己。只要相信自己是最棒的，哪怕自己就像一株平凡的小草，一滴露珠，你仍然能够拥有属于自己的一片天空，能够迎来一轮属于自己的朝阳。

我们应该明白，一个人呱呱坠地的那一刻起，他就不再是一个渺小的细胞，也没有理由在这广阔的世界自卑一辈子，他完全可以崇拜自己，因为从现在开始，他有了自己的生活，还有什么比这更值得让人骄傲的?

因此，要活得轻松，要活得自在，要活得精彩，必须把“自视渺小”转换成“自我崇拜”！自我崇拜，不是自以为是，不是妄自尊大，不是狂妄嚣张。自我崇拜，是一种对自己的肯定，是一种主宰生活的气概，是一种开明的思想，更是把握自己命运的魄力。

可能有人会说：“我从小就生活在苦难之中，并且身患疾病，我觉得自己一无是处，要怎么自我崇拜呢?”看一看下面这个女孩的故事，也许你就有了答案。

她可能是迄今为止，站在演讲台上最特别的一个人。她偶尔会挥舞着自己的双手，样子很丑陋。有时候，她会把头仰起来，脖子伸得长长的，或者张开嘴巴，眼睛眯成一条细细的线，静静地看着台下的听众。既然是站在演讲台上，那么她就要讲话，可是没有人能够听懂，她基本上就是一个不会说话的人。不过，她拥有很好的听力，只要别人猜出她说的“话”，她便会高兴地大叫一声，表情夸张地伸出手来，为你“鼓掌”，或者踉踉跄跄地走到你面前，赠送一张美丽的明信片给你。

那张一明信片上印着十分优美的风景，你可以想象到吗?这些明信片都是用她的画制作的。她就是获得了加州大学艺术博士学位的黄美廉。由于从小就感染了脑性麻痹，她的肢体失去了正常人那样的平衡感，也不能像正常人那样说话发音。可就是这样一位脑性麻痹的病人，没有因此而灰心绝望，相反，病魔更加激发了她的奋斗精神，她坦然面对这一切苦难，向一切不可能的事情发出挑战，因为在她心中，自己始终都是最棒的人！经过多年的努力，她终于如愿以偿地获得了加州大学艺术博士学位。可是由于她不能够自如地控制自己的肢体，所以只能用手作画，以各种色彩涂抹自己的人生。

这的确是一场与众不同的演讲会，它让我们看到了一个生命的倾倒与颠覆。当一名观众小心地问道：“请问黄博士，从小就患上这样的疾病，您是怎么看待自己的呢？”

黄美廉表情再一次变得扭曲，她用粉笔在黑板上写下几个歪歪斜斜的大字：“我只相信，自己是最棒的！”

演讲台下先是沉静了片刻，然后众人发出了热烈的掌声。这掌声不仅是送给黄美廉的，同时也送给一个生命在苦难中的自信与从容。

很多时候，也许连我们自己都不知道，原来自己还有这么多的聪明才智还未被开发出来，因为我们的眼睛里只看到别人优秀，而让自己黯然失色。我们崇拜的人很多，就是少了我们自己。

第三章

打造强大的内心，心有多大你就有多强

真正勇敢的人是内心的强大：不论外界有多少诱惑、多少挫折，都心无旁骛，依然固守着内心那份坚定；当遭遇困难的时候，会勇往直前。所以，我们要对自己有更多的自信，要保持乐观的心态。这样，哪怕是最弱小的躯干，也会爆发出惊人的力量。

自信是成就伟大的基石

自信是成就伟大的基石。只有站在这基石之上，我们才能底气十足，才能脚踏实地地攀登上伟大的顶峰。“王侯将相宁有种乎！”一个出身富贵的人，可能因为自己的软弱和自卑而终身碌碌无为；一个出身低贱的人，则可以凭借自己的勇气和自信站在权力的顶峰，成就一番伟大的事业。记住，地位的低微永远不是我们自甘堕落的理由。“天生我才必有用”，每个人都有自己的特长，都有可以施展自己才华的领域，我们所要做的就是保持自信，发现适合自己的事业。

1951 年，英国人弗兰克林从自己拍摄的极为清晰的关于 DNA 的 X 射线衍射照片上，发现了 DNA 的双螺旋结构。对于这个重大的发现，弗兰克林十分兴奋。所以，他很快便召开了一次关于 DNA 双螺旋结构的学术研讨会。会后，弗兰克林继续此项研究。可是，在研究的过程中，弗兰克林越来越怀疑自己之前的发现，不断否定自己之前的论点。最后，弗兰克林放弃了自己关于 DNA 双螺旋结构的观点。

两年之后，名不见经传的沃森和克里克也从拍摄的照片上发现了 DNA 的分子结构。通过进一步的研究，他们二人同样提出了 DNA 双螺旋结构的假说。弗兰克林最终放弃了自己的假说，而沃森和克里克却对自己的观点十分自信，因而他们最终成为了 DNA 双螺旋结构的发现者。

不仅如此，DNA 双螺旋结构的提出为医学的发展开辟了一个前所未有的领域，提供了一个前所未有的治愈人类疾病的途径，他们二人也因此获得了 1962 年的诺贝尔医学奖，成为了医学史上最为伟大的人物之一。

科学探索就是一个不断提出假设，并加以论证的过程。一些人像弗兰克林那样，由于对自己的发现没有信心，结果放弃了自己的假设，最终沦为了平庸的科学家；而有些人则对自己抱有十分的信心，所以他们取得了成功，成就了自己的伟大。

有人说，伟大的人物成就伟大的事业。其实，卑微的人物一样可以成就伟大的事业，如果他对自己抱有信心的话。卡耐基出身贫微，但是却通过自己的努力开创了一番伟大的事业。在一次演讲中，他曾这样说："我宁愿把自己的自信和勇气传给我的子女，而不是留下数百万美元的遗产。"

美国布鲁金斯学会以培养世界上最伟大的推销员而著称于世。这个学会一直保留着一个传统，那就是当每期培训结束之后，布鲁金斯学会都会设计出一道最能体现推销员推销能力的项目，让将要毕业的学员检验自己的能力。在克林顿时期，学会设计的题目是推销给总统一条内裤。但是没有一个学员取得成功。当小布什上台执政后，学会的营销题目换成了向总统推销一把斧头。

鉴于之前无数推销员失败的经历，大部分学员都认为这是一个无法完成的任务。高高在上的总统怎么可能有时间来理会一个区区推销员的推介信呢?

但是，并不是每个人都会怀疑自己的能力。其中一个名叫乔治·赫伯特的学员就认为自己能够卖出这把斧头。通过对小布什总统情况的全面了解，认真分析。他向小布什总统发出了一封感情真挚的推销信。

在信中，乔治·赫伯特首先动用情感的攻势，热情赞扬了小布什总统在得克萨斯州的一处农场，并对自己曾经能够有机会参观农场表示荣幸。之后，乔治·赫伯特表达了自己对总统农场的关切之心。他谈到在参观农场时发现了一些枯死的树木，而这些树木急需要砍伐，以做成冬天取暖用的木料。随后，他便将自己所要推销的这把斧头的优秀性能对小布什总统做了一番介绍，并极力向总统推荐这把斧头。在信的最后，乔治·赫伯特向小布什总统留了自己的联系方式。

事情的结果令人满意，小布什总统寄来了汇款单，买下了那把斧头。

为了表彰乔治·赫伯特取得的成功，布鲁金斯学会将尘封26年之久的金靴奖授予了他，并将其称之为“最伟大的推销员”。

其实，乔治·赫伯特并没有运用什么高超的推销技巧，他所用的方法在教科书中比比皆是。在谈到自己取得的成功时，乔治·赫伯特这样说：“很多人都因为一开始自己内心的恐惧而变得自卑，而我则没有，我一直相信自己。”

是的，只有相信自己，我们才能勇敢地付出行动。也只有付出行动，我们才有可能收获最后的成功。正如布鲁金斯学会所说，他们设立的奖项是颁给这样一种人的：他们不因某一目标看起来不可能实现而放弃，不因某一事情难以办到而失去自信。

由此可见，乔治·赫伯特获得“最伟大的推销员”的荣誉实在是实至名归！

不要让失败的体验将你定格

人们为什么会对世界产生消极的态度？很大一个原因就是失败对他们的打击吧。当经历了一次又一次的失败，有些人便开始对这个世界失去了耐心，他们往往会将自己失败的原因归结为世界的不公平；而有些人则会对自己失去了信心，他们往往会将自己的失败归因于能力的不足。总之，不论这些人如何归因自己的失败，消极的心态都已经在他们心中牢牢扎下了根。一旦消极的心态形成，它就会马上反过来强化这些人的失败感，从而使他们被失败的体验所定格。

一个被失败所定格的人，是没有可能在余下的生命中取得成功的。因为成功从来不属于消极的人！

或许你会反驳道，我并不消极，但是仍然没有成功。在这里，首先要恭喜你。如果你确实没有消极心态的话，你已经具备了获取成功的重要素质。你之所以没有取得成功，那是因为你还没有完全发展出自己应有的能力。

事实证明，一个成功的人并不是没有经历过失败的人，而是一个拥有坚强乐观的心脏，善于从失败中获取成长养分的人。他们也会体验到失败的痛苦，但是他们不会让自己被失败所定格。因为，他们清楚地知道，失败不会带来成功，而只有从失败中站立起来，继续奋斗，一个人才有成功的可能。

法国作家左拉由于生活所迫，不得不靠捕捉麻雀、捡别人吃剩下的鱼头鱼尾充饥。但是，这没有妨碍他的伟大志愿。他仍然积极地投入到社会生活中去，认真地观察，细心地了解，最终凭借自己的坚强意志完成了600多万字的著述。

当艾力斯·赫利还只是一个文学青年的时候，他基本上每周都会收到一封退稿信。这种情况一直延续了4年的时间。经过无数的打击，赫利对自己几乎失去了信心，几次都想停止《根》的写作。如此又痛苦挣扎了几年，赫利已经感到没有成功的希望，于是决定跳海自杀。当他站在船尾，准备跳进大海的一刹那，他突然感觉听到了祖先对自己的召唤："你应该去做你应该做的，我们都在天国注视着你，千万不要放弃！你能成功，我们对你充满信心！"就这样，赫利停止了自己愚蠢的行为，并积极投入到《根》的最后创作中，终于完成了这部杰出的作品。

医学家乔纳斯·索尔克博士为人类攻克脊髓灰质炎做出了重要的贡献。但是，他的成功来之不易，是经过201次试验才研制出了预防脊髓灰质炎的疫苗。当人们问他是如何面对之前的200次失败时，索尔克博士是这样回答的：

“我这一生中从来没有经历过200次失败。在我的字典里面，从来没有‘失败’这个词汇。那200次你们所谓的‘失败’只是我的尝试。经过不断地尝试，我增加了自己的经验，学到了更多的知识。实际上，我只是做了201次发现而已。没有前200次的尝试，就不可能有现在的成果。”

索尔克博士对于“失败”的见解，值得我们每一个人学习。失败并没有想象中那么可怕，它只是为我们关闭了一条不能通向成功的道路而已。可是，很多人却依然忌惮于失败的淫威，而不敢放开自己的手脚，积极地为自己的成功而奋斗。

是的，我们的周围存在着太多被失败所定格的人。他们不但失去了奋斗的欲望、成功的信心，而且还经常将自己的失败看作是成熟的表现。在他们眼里，一个成熟的人必须是能够看到事情所有弊端的人，能够积极地维护自己当前利益的人。正是在这样的思想指导下，他们不但固步自封，而且还以一个成功者的姿态来指导后进者。看到那些充满拼搏精神的后生晚辈，他们总是会不住地摇头，认为这些晚辈只是初生的牛犊、毛头小伙而已，等经历了生活的打击后，这些晚辈就会变得“成熟”起来。出于对晚辈的关爱，他们会如数家珍似的向晚辈介绍自己对生活的体验，以期能够减少晚辈可能遇到的风险。而这些心智没有达到真正“成熟”的后生也经常会被他们的高谈阔论所吸引，被他们的谆谆教诲所折服。就这样，这些心理早已被失败所定格的人通过自己的影响，不断地传播着消极、负面的思想。而接受这些消极思想的青年，则真可谓是出师未捷“心”先死了。

千万不要被失败的体验所定格，如果你的心被失败的感受所填满，你就再也找不到成功的方向了。“失败乃成功之母”，这句话应该成为我们每个人激励自己的警句。失败并不可怕，即使我们失败了1000次，我们还是拥有胜利的可能。但是，如果我们在心灵上面失败了一次，那么我们就会彻底葬送自己的前程。“哀莫大于心死”。同样，失败也莫过于一个在心理上彻底的投降。

积极地去面对生活中的每次挫折吧，因为这对我们来说也是一笔人生的财富。生活本来就是丰富多彩的，事物的发展也是相辅相成的。“有无相生，难易相成，长短相较，高下相倾，音声相和，前后相随”。当我们试着以一种包容的眼光去看待这一切时，我们就不会使自己沉浸在失败的痛苦之中，而会以一种更加平和、更加光明的心态去积极地品尝失败的滋味，去感受生活的循环往复。

内心的自信力来自积极的暗示

心理学大师马斯洛说：“自信的人能够不带忧虑地接受自己的任性，包括其中之种种缺点及与理想形象之间的种种差异等。但是如果称他们自满自得，显然是不恰当的。我们要指出的是，他们对待人的脆弱、罪恶、虚弱、邪恶等，恰如对大自然的种种特点一样，以同样不加怀疑的态度表示接受认可。”

自信的人会有一定的心理承受能力。很多人爱找借口，是源于内心的不自信，害怕事情败露，害怕承担责任。因此，要想不再找借口，建立起自信是很有必要的。心理学家根据调查发现，严重影响人们自信的因素主要有以下五个：

第一个是自卑。有些人过分地自我批判，表现为过分地自我挑剔，因而导致心志上的“自杀”，慢慢失去进取心，责任面前，喜欢找借口搪塞，希望得过且过。

第二个是胆怯。有人很胆小，胆怯的心理必然会毁灭自己的梦想、想象力和创新精神。胆怯的人，总是害怕出问题，但是一旦真的出问题的时候，情急之心就会拉过借口进行掩盖。

第三种是懒惰。很多人由于不肯努力学习，勤奋工作，使自己变得平庸。即使原本有才华，也渐渐失去了进取和创新的精神、

第四种是性格问题。一个人的性格是一个特别重要的因素，但它必须是健全和完整的，片面和狭隘的性格会阻碍创造才能的发挥，也会对人际关系起到负面的影响。

第五种是浮躁与庸俗。如果一个人的动机和兴趣浮躁、庸俗，会使人从众流俗，盲目地追求一些时髦的东西。实际上，根本不知道自己想要的是什么，因而做什么都是浅尝辄止或有始无终。

通过分析不难发现，这五大因素归根到底都是消极的心理，缺乏自信主动的意识、这些心理往往都是在个人成长过程中慢慢养成的。

比如，小时候，看见别的孩子爬树，你却总是站在一旁观看，自己从不敢尝试一下。别人问你为什么不试一下的时候，你会说那样做太淘气了，自己是一个安分守己的好孩子。上学了，班上举办文艺活动，会唱歌的你却不敢报名，不敢上台，害怕出丑。别人问你，你会说出一堆不想上台的理由。

成长中的诸多小机会，如果你不抓住，一次又一次地放弃，看似没什么损失，实际上，是有很大损失的，因为你的心态和选择已经形成了消极被动的习惯。那么等到关键时刻来临的时候，你有什么信心去迎接呢？于是只有错过和失去，只有失败后的一个又一个的借口。

人们都很羡慕那些取得成功的人，其实那些创造了奇迹的人，与不成功的人，最大的区别就在于他们都有强大的自信心。如果把一个人的成功比作土地上的果实，那么，自信就是成功果实的种子。有了自信的种子，再慢慢浇灌，最终定能结出诱人的果实。但如果没有种子是绝对不能长出果实来的。一个不相信自己有能力、有价值的人，哪里还会自觉地强化自信意识，走向成功呢？

每个人都有其优点和缺点。我们要善于发现自己的长处，肯定自己的成绩，不要把别人看得十全十美，把自己看得一无是处，要知道他人也有

不足，只不过有些你还没发现而已。不自信的人可以经常回忆那些经过努力，最终做成功了的事情；对一些做得不好的事情，也要进行积极的自我暗示。另外，多回忆他人对自己好的评价。不管怎么样，赏识、了解、理解自己的人总还是会有的，关键是要自己去用心捕捉，将捕捉到的好的评价作为自我评价的一个系数，以增强自己的自信心理。

如果你自身有一些生理缺陷，如相貌丑、身材矮等，自惭形秽没有什么意义，倒不如充分发展和发挥自己其他的优点。生物学上有个“生理补偿”的概念，即盲人失明，耳朵就灵；腿有毛病，手会特别灵巧。所以，我们不妨多进行一些积极的暗示。

自信心很重要，它是人生最可靠的资本。它能使人克服困难，排除障碍，事业有成。一个人能够给予自己较高的评价，则在做事时，将所向披靡。一切横在自卑自抑者面前的障碍，在自信坚强的人面前，都将不成问题。

跳出内心中不平衡的牢笼

在心理学上，心理失衡是指人的心理失去和谐而处于理念、情感和行为的冲突状态。在不同的人身上，心理失衡有不同的表现。有的表现为不分是非地逆反和抵触，不问对象地疯狂报复，不遗余力地谩骂和攻击等；有的人则表现为情绪消沉、自怨自艾、悲观厌世、自我封闭等，从否定自己的价值进而否定人生的意义。更有甚者，在心理失衡的状态下，为求得内心的宁静，无论什么问题都无原则顺应别人，也就是人们常说的逆来顺受。

造成心理失衡的原因有很多。愿望不能实现、需要得不到满足、人际关系处理不好、经受不了挫折、适应不了环境、疾病缠身等，都是心理失衡的诱因。心理学研究认为，各种原因都可以归结为两类：客观原因是外界压力，主观原因是心理调控失败。

通过观察发现，人们一旦遇到问题和障碍，总是喜欢寻找理由，很多的目的就是推卸责任，把自己所遇到的一切“不利”都推给外界和别人。从心理学上来讲，就是源于人内心的渴望与现实的不一致。人在不能正视困难、面对自我，不能达到心理平衡时，就自然而然选择了一种逃避行为，即把责任扣到别人的头上。这样的人常常对自我的认识和把握不够，总认为自己是受害者，是可怜人。

心理学研究发现，每个人都有理性的一面，也有非理性的一面。人生来都具备以理性信念对抗非理性信念的能力，但又常常被非理性信念所干扰。也就是说，每个人都有不同程度的不合理的思维，只不过有心理障碍的人所持有的不合理的思维更多、更复杂而已。然而，就是这种不合理的思维造成了心态上的不平衡。我们所能感觉到的世界只是整个世界的一小部分，由这一小部分所得出的观念往往是不正确的，但人们又总是把这些不正确的观念当作生活真理，结果使自己陷入了不平衡之中。心中不平衡的人，难免牢骚满腹。

我们总是能听见有人抱怨：“为什么总是我在干活？”“为什么他就不干呢？”“为什么就非得让我加班？”这些人之所以抱怨满腹，就是源于内心的渴望与现实的失调产生的心理不平衡。

任何有关平衡的抉择，其关键因素都是与自己内心良知深刻联系的。因为我们所生活的世界往往只关心人们的作为而不管其为人如何，我们很容易变得失去平衡而不再关心自己的梦想与目标了。我们行动的根据只是紧迫与否。

每个人都有四个基本层面：身体层面（它要求或创造资源）、精神层面（它紧密联系于目标）、社会层面（它涉及与其他人的人际关系）、智力层面（它要求学习）。当我们回顾自己的角色时，我们在精神层面，要注意到自己的内心是否平衡。

产生不平心理的人，往往是那些缺乏自信、自卑感强烈的人。不平衡心理的产生及其强弱与个体心理责任、思想修养有着直接的关系。除此之外，还受个体所处的生活环境及社会文化传统的影响。

自尊心过强的人易产生不平衡心理。每个人都有维护自尊的需要，每个人都喜欢听恭维的话，这在一定程度上是人的本性的显现。如果一个人的自尊心太高，渴望获得别人对自己的重视、尊重与赞扬，而自身又没有过人之处，不足以引起别人的称赞，则不得不寻求其他手段来装饰自己。

私心过重的人容易产生不平心理。私心过重的人，会时刻考虑自己的利益得失，总希望自己处处比别人强。为了达到这一目的，他们常常煞费苦心地营造或借用本来不属于自己的东西抬高自己，或者用虚假来掩饰自己的缺陷与不足，以显示自己的“过人之处”。

缺乏自信的人容易产生心理不平衡，一些缺乏自信、自卑感较强的人，为了缓解或摆脱内心存在的自惭形秽的焦虑和压力，试图采用各种自我心理调适方式，其中包括借用外在的、表面的借口来弥补内在的不足，以缩小自己与别人的差距，进而赢得别人对自己的重视和尊敬。

希望获得他人的认可是人的一种正常心理，然而，人们在获得了一定的认可后总是希望获得更多的认可。所以，人的一生就常常会掉进为寻求他人的认可而活的不平衡的牢笼里面。

荀子说：“人生而有欲。”因为人是一种生命，生命自然有欲望。有欲无欲是生命与非生命的分界。欲是生命之所以成为生命的本原。所以说，人的欲望是天生的。人因为差异不同，便有攀比和嫉妒的欲望，于是便产生不平衡心理。所以说，不平衡心理总是与攀比、嫉妒、追求等相伴而生的。

唯有豁达的人，才能跳出不平衡的牢笼，懂得善待自己、善待他人，生活才会充满快乐。豁达对于人生至关重要，那么，我们怎样才能使自己的心豁达起来呢？

首先，欲望应该有度。人必然存在欲望，合理地觅食求偶，无可非议，但欲望超出了一定的原则和范围，就会让自己陷入痛苦之中。患意纵欲，必将污染朋友圈、腐蚀亲朋心。所以，心理不平衡的人，要克制自己的欲望，把欲望控制在合理的范围之内。

其次，要学会自我评价。一个只知道为自己打算的人，必定凡事斤斤计较，在比较的过程中，便会滋生被遗忘、被冷落、被否定的感觉，心理的平衡与安宁必定荡然无存。人们能否心灵豁达，与能否正确评价自我和确立自我追求是密切相关的。一个人评价自我，是通过认识自己的长处和短处来进行的。只有自我评价恰如其分，才会不骄不躁，不卑不亢，心理逐渐走向平衡。

篱笆是自设的，拆除靠自己

美国沙玉·罗拜克公司的负责人曾经说过这样一句话："不管是在哪家企业都有一种现象：有些人总是受人敬重，有些人就是被人看不起。当你被人看不起时，先别忙着怨天尤人，请先想想：是不是自己预先设下的篱笆困住了自己？如果是，那么，解铃还须系铃人，你自己设下的篱笆自然只有你自己才能拆得掉。"

同理，当你不能大幅度地提升业绩或是长久地得不到上司的重用之时，也许那个给你设下篱笆的人正是你自己。有的人之所以不去做或做不成某些事，不是因为他们没有这个能力，也不是客观条件限制，而是他们内心的自我想象首先限制了他们，是他们自己打败了自己。

罗拜克先生第一次为一家乡下小厂推销商品时，遇到有些客户拼命要压低价格时，罗拜克很怕生意成交不了，只得同意对方的条件。

罗拜克的上司沉默地看着下属带回来的一小张支票，缓缓说道："其实，在和对方谈生意之前，你早已害怕了，你害怕客户不接受我们的产品，害怕客户嫌我们要的价太高——而这种害怕，不过是你在想象中给自己设下的篱笆。其实，顾客是愿意接受我们的产品的，也愿意接受我们的合理价格。问题是，你必须先走出自己的篱笆影子，决不要因自己推销的是小公司的产品而自卑。"

于是，罗拜克试着坚持自己的立场，虽然他仍然没有太大的把握。当下一个顾客再一次压价格时，他挺起胸膛，堂堂正正、不卑不亢地说："我们厂是小厂，炎炎夏日，工人们要在炙热的铁板上加工产品，汗流浃背，好不容易制出产品，依照正常的利润计算方法，应当是 ×× 元。现在你开的价格让我们感到切肤之痛。务请用 ×× 元承购。"正是这种坚定的自信，使客户接受了罗拜克的产品和价格。

分析许多人失败的原因，不是因为上天不公，也不是因为能力不济，而是因为自我心理障碍太多，自己把自己给绊倒了。

有的人因自卑感严重，时常在人面前感到紧张、尴尬，一味地顺从他人，事情不成功总觉得自己笨，自我责备、自怨自艾。

有的人缺乏自信心，怀疑自己的能力，内心中的自我是一个可怜的、脆弱的、需要别人帮助的弱小形象。

有的人缺乏安全感，疑心太重，总觉得别人在背后指责和议论自己，对他人的各种行为充满了警戒心理，容易产生嫉妒。

有的人缺乏胜任感，不相信自己也能创造、发明，工作中缺乏担重任的气魄，甘心当配角；生活中常常被别人的意见所左右，无论职业角色还是家庭角色都显得难以胜任。

凡此种种，他们真正的敌人正是他们自己，是他们给自己的工作和前程设制了重重障碍！

以下是另一个例子，也许你从中更能悟出一些道理。

有一个菲律宾女孩，高中毕业后，只身一人来到纽约闯荡。18 岁的她，没有文凭自然找不到什么好的工作。好不容易在一家路边的打字社里谋到了一份 300 元月薪打字员的工作，她只好和几个同样来自菲律宾的女孩一起，合租一间地下室才能勉强度日。

工作之余她便找出一些服装专业设计书看，同屋的女孩们笑话她说："太不值了，你这么学根本是没有用的。服装公司里的人又不是傻子，放着科班出身的毕业生不要，要你？不可能的。"她什么也不说，只是笑笑。

她在六年中，工作基本上没什么变化。唯一变化的是：她的服装专业水准由一级提高到了六级。

后来，她被聘为一家服装公司的设计员，月薪 1000 美元。她搬出了从前住的地下室。再后来，她成了这家服装公司设计部的部长。

其实，世上没有人能够改变别人的命运，命运的真正主宰就是你自己——只要你大胆地改变自己的思维观念！

思维本来是一种极为飘逸、灵动的东西，它最忌讳的就是呆板、僵化和教条，当然也包括自己设置的种种框架。任何形式的清规戒律，都会令其束手束脚，不但不能发挥其创造性的优势，还会让它成为扼杀创意的杀手！

是的，给思维一个广阔的空间，它就会载着你飞向辉煌的金字塔顶；限制了它，你就成了那些可怜的失败者，永远都摆脱不了 500 强坚决不用的命运！

面对压力，试着绽放你的笑容

除了不谙世事的孩童，几乎所有的成年人头顶上都顶着或大或小的压力。有人说压力就是动力，面对压力，如果能笑着面对，就会化压力为动力，推动自己不断向前，让自己不断开创新的、更好的生活。

“压力大呀”“都快扛不住了，背上就像背了三座大山”“什么时候熬出头呀，顶着这么大压力过日子真够痛苦的”。

类似这样的话，或许对现代都市里的我们来讲丝毫不陌生，我们经常会听到周围的亲朋好友说出类似的话，甚至我们自己也时常发出此类感慨。我们的压力来自很多方面，比如工作的压力、家庭的压力、学习的压力、朋友的压力等。

不可否认，现代社会中的我们，压力无处不在，生活带来的巨大压力让你我常常见到或亲身体验这样的情景：眼见上班快迟到了，偏偏在路上遇到了堵车，顿时就焦躁不安起来，开始按喇叭、摔东西、骂脏话，甚至恨不得把堵在前面的车一脚踢飞。好不容易露出一条缝儿，却被一旁的车强行加塞给占了去，气得自己破口大骂甚至大打出手。折腾半天，终于来到了办公室，还一直对此事耿耿于怀，跟同事抱怨个没完。

应该说，这很可能就是压力导致的不良情绪反应。日益加快的生活节奏、激烈的生存竞争、繁重的工作压力、单一乏味的日常生活、沉重的生活负担等使我们经常生活在紧张的高压状态之下。

在很多人看来，压力是个不好的东西，认为它会让人心情沉重、行为受阻，甚至整日生活在恐惧之中。如此看来，难道我们真的就被压力活活给“压死”了吗？

有一则这样的故事，很值得我们深思。

在日本江户时期，武士之风盛行，当时有个善于茶道的茶师，因茶艺精湛而被人赏识，寄居在一个显贵之家，每天的工作就是给主人泡茶、和主人参禅悟道。

一天，主人有事要去京城一趟，因为实在难舍茶师泡的茶，所以就叫茶师随他一起进京。

可是，那时的社会非常动荡，经常有武士和浪人横行霸道，茶师对此行深感担忧，于是向主人推脱说：“我只是一个普普通通的茶师，手无缚鸡之力，路上那么凶险，万一遇到什么不幸怎么办？”

“那你就打扮成武士的样子，别人看到你是武士，就不敢轻易欺负你了。”

见主人仍无放弃之意，茶师无奈，只好打扮成武士的样子，和主人来到了京城。

这天，茶师闲着无聊，就独自一人外出闲逛，一个武士迎面向他走来，看到茶师一副武士打扮，便指着茶师的佩剑说道：“看来你也是武士，那咱们就比试比试，切磋一下武艺。”

茶师根本不会武功，哪里敢比，只好老实交代自己是假冒的。没想到，那位真正的武士认为茶师假冒武士是对武士的不敬，遂决定杀死他。

茶师自知无法躲过此劫，便和他相约下午在湖边比武，武士答应下来，然后离开了。

可是茶师却越想越害怕，觉得自己根本不是那个武士的对手，肯定会小命不保。巨大的精神压力折磨得他最终放弃了生存的念头，跑回旅馆向主人请教一种作为武士的最体面的死法。

主人问清缘由后，什么也没说，只叫茶师再为他泡一次茶，茶师认真地为他泡完茶后，主人对他说：“你泡的茶是我喝过的最好喝的茶，你只要用你泡茶的心去面对那个武士就行了。”

茶师似懂非懂地应约来到了湖边，心想，既然死定了，那就什么都不管了，就像主人说的那样，最后好好泡一次茶吧，于是，当对手站在他面前时，他开始气定神闲地泡起了茶，动作从容而平静。

那位武士站在一旁看着，百思不得其解，越看越心虚，越发觉得这个茶师非同一般，甚至觉得茶师肯定是个深藏不露的高手，自己可能都不是他的对手。

就在茶师泡完茶，抽出剑准备应战的那一刻，武士终于不堪压力，精神崩溃了，“扑通”一声跪倒在地，祈求茶师饶命，茶师也因此捡回了一条命。

看完这个有趣的故事，我们可以知道是什么拯救了茶师。就是内心的从容和淡定。又是什么导致武士失败了呢？就是那种无形的精神压力。

其实我们生活的压力就像一杯水，有多重并不重要，重要的是你能端多久。也许端一分钟，对你来说轻而易举；若是端一个小时的话，你的手可能会有些酸痛；要是端一天呢？那你可能很难办到。

随着时间的推移，你会感觉这杯水越来越沉重，直到自己觉得无法承受。其实，自始至终，杯子里的水并没有增加，而是你对重量的压力感觉在不断升级。就像这杯水一样，如果你把这份压力一直担负在手上，随着时间的增加，你体力的消耗会越来越大，就会让你感觉这份压力越来越重，最终无法承担。如果想让自己承受这份压力的时间更长久，就要学会把这杯水放下，休息一会儿后再端起，你会发现轻松许多。

无数事实也证明，面对压力，那些难以迈开步子勇往直前、把压力看作一道难以跨越的坎儿的人，其生命本身缺乏拼搏的激情和战胜困难的顽强毅力。而压力在那些有着坚强意志力的成功人士眼里却从来不是一道难以跨越的坎儿，当背负压力的时候，他们常会微笑着面对，让压力变成动力，推动自己不断向前进，不断打开新的局面，开创更加美好的生活。这样的解决之道不正是我们最想要的吗？

一个名叫卡迪尔的大富翁曾在著名的跨国零售巨头公司担任要职。卡迪尔对工作向来一丝不苟，而且极为注重工作效率。熟悉他的人都说，他是一个不折不扣的“工作狂”，每天都让自己生活在高压下，甚至有的朋友好心地劝告他不要这样，否则累坏了身体是不划算的。

然而，卡迪尔却说：“我确实要承受很大压力，不仅是因为我的职位，还因为我对自己的要求一向很严格。但是，我并不觉得压力让我的日子变沉重了，相反，它让我觉得很轻松。我一直都认为，任何一个人都需要在压力下竭尽全力地度过自己的每一天，让自己的生活和工作变得充实而有意义。”

压力对于卡迪尔来说是不可或缺的东西之一，因为他需要在压力下尽自己最大的努力，让生活和工作变得充实，这样的想法在很多常人看来或许难以理解，但事实上，这是一种几乎所有成功者都具备的素质。在他们眼里，压力能够使人轻松，压力能够创造价值，而正是这种积极的心态让他们不断成功。

类似故事中卡迪尔这样的强者总是喜欢挑战高难度的事情，因此在他们看来，压力是使自己前进的助推器，是自己这辆不断奔跑的列车的发动机，压力可以唤起和激发出自己最大的潜能。

卓然是一家大公司的经理，每天清晨，她睁开眼睛后，想到的第一件事就是当天的工作安排。她比任何人都早到公司，然后一刻不耽误地处理堆满办公桌上的文件和信函。

每当她为文件而忙得焦头烂额时，她桌上的电话铃声会频繁地响起来，有的电话是催她去开会，有的电话是要她接待来访客户。为了把各方面的事情都协调好，卓然每天都要保持精神的高度集中，逼自己高效率地做事。

在公司像个陀螺一样地转一天后，卓然最想做的事就是在深夜下班回到家后好好睡一觉。通常，卓然感觉刚刚沉睡过去，闹铃就响了。

卓然生活得如此疲惫，但她却表示："我很喜欢压力，因为有压力的人活的质量相对较高，没有压力等于不被人需要。我不会抱怨什么，毕竟路是我自己选的，这些压力也是我自己给自己制造的，让我的个人能力不断进步，让我充满自信。"

成功者也好，普通人也罢，每个人都会有压力。作为朝九晚五的上班族，我们也会像卓然一样常常感受到来自工作和生活中的压力，比如我们每天要面对纷繁忙碌的工作，和同事、领导、下属等处理好关系；我们必须不断地为自己充电，让自己跟得上时代的步伐而不致被别人落下；当同事加薪升职了，我们的内心也不会毫无波澜，认为自己也要努力，不然就没有升职机会。

如此看来，有压力并非坏事，所以有人说：压力就是甜点，只要你能逆向观看。既然如此，我们何不换个观念、换个角度来看待压力呢？"天将降大任于斯人也，必先苦其心志，劳其筋骨"的道理并非一种站着说话不腰疼的善意安慰。既然压力无法躲避，那就试着为它找一个出口吧，把它转化成一种前进的力量。

总而言之，在我们的生命旅程中，时时处处都会充斥着压力，如果不想让压力将自己拖垮，就要告诉自己这样一句话："只要精神不滑坡，办法总比困难多。"有朝一日，当我们穿破层层压力的雾霭，在明媚的阳光下重新看自己走过的路，说不定会由衷地欢呼：压力——感谢有你！

运用自我暗示的魔力

通过自己有意或者无意的暗示，使自己的情绪、意志和行为受到相应的影响。

曾有过这样一个著名的实验：

被试者是一名死刑犯，他被告知自己将接受的刑罚是放血死亡。之后，他被蒙上双眼，并在他的手腕处轻轻地划了一下（当然，这并不会导致任何伤口）。然后，在他的手腕处放了一个可以发出“滴答、滴答”水声的容器。结果，这个死刑犯真的死掉了。通过解剖，人们在死刑犯的身体里发现了缺血的症状，但事实上，他并没有被执行这种刑罚。

这个实验充分说明了自我暗示的力量，正是这个死刑犯对自己暗示了将要死于缺血性刑罚这一事实，才最终自己杀死了自己。

时任法西斯德国宣传部长的戈培尔曾经这样阐述自己的宣传理念，即谎言重复千遍就成为了真理。当一个人经常身处谎言的氛围中时，虽然他一开始可以运用自己的理智加以判断、反抗，但是久而久之，他会像其他人一样认为“谎言”是久已存在的，是无可置疑的。这就是所谓的耳濡目染、潜移默化。暗示总是在不知不觉之中进入你的潜意识，并得到潜意识的认同。暗示的感染力和传染力都是十分强大的。

美国洛杉矶大学医学院的心理学家加利·斯梅尔经过长期的研究发现，人们的情绪是可以相互感染的，但是消极情绪的感染性更强。一个心情开朗的人如果整天和一个情绪沮丧的人相处，那么不久他也将变得情绪低落。夫妻双方，如果其中一方情绪消极，那么另一方情绪也会出现相应的问题。美国密歇根大学心理学教授詹姆斯·科因也通过自己的研究证明了上述事实。他认为，只需要短短的20分钟，一个人就可以被他人消极的情绪所感染。

由此可见，如果一个人经常用消极的思想来自我暗示的话，那么他就不可能是积极的、乐观的。自卑，往往就是人们消极自我暗示的结果。感到自卑的人，他们往往会对自己做出消极的评价，认为自己的才能达不到社会的标准，自己也没有能力与他人一争高下。在这种消极的自我暗示下，他们很难取得本应该属于自己的成就。

世界著名的高空走钢索表演家卡尔·华伦达曾说："走钢索才是我的人生，其他都是等待。"在这种态度的指导下，他完成了一次又一次高难度的表演。然而1978年，在波多黎各表演时，他却从高空坠地身亡。人们对于大师的失误感到不可理解，直到他的妻子道出其中的原因：在表演开始的3个月前，华伦达开始怀疑自己的能力，他经常对自己说："如果掉下去了怎么办？"他还不止一次地向妻子表示出这种忧虑。

正是在这种不断的消极自我暗示下，华伦达失去了之前积累起来的信心。结果，他就在内心充满怀疑、恐惧的情况下从钢索上面掉了下来。

自卑心理一旦形成，不仅会影响人的人际交往，还会限制他们能力的发展和潜能的开发。一个没有自信心的人，是很难有所作为的。而经历的失败与挫折，又会不断加重他们的自卑心理。一个人如果被消极的自我暗示所控制，那么，他的人生轨迹必然陷入恶性循环之中。

针对这种情况，越来越多的心理学家开始提倡积极的心理暗示。它要求人们与自己内心深处的消极情绪作斗争，并通过每天对自己积极暗示，来逐步清理自卑感。根据"吸引力法则"，人的思想就像是一块磁石，它会吸引与它相同的或者类似的思想与事物。消极的思想会吸引消极的情绪与行为，积极的思想定会吸引积极的情绪与行为。

英国著名的理论物理学家霍金在21岁时得了肌肉萎缩症，以至于他的后半生都要在轮椅上度过。当人们询问他是如何战胜疾病的折磨，最终取得成功时，他说，在他住院的时候，他对面的一个小男孩死于白血病。这让他觉得自己的病其实并不算严重，至少自己还有生命。所以，每当自己灰心丧气时，他就会以此来鼓励自己。在这种积极的自我暗示中，霍金成为了可以和牛顿、爱因斯坦比肩的科学巨人。

通过与别人的比较来进行积极的自我暗示，这不失为一种积极的方法。但是，在现实中，通过与别人的比较，人们获得的更多的是消极情绪，因为人们往往将自己的眼光放在了别人的优点之上。

求人不如求己。对于大多数人来说，找到一个具有普遍性的积极自我暗示的方法，无疑意义更为重大。这里，我们将简要介绍一种运用自我暗示建立自信的方法。

第一步，自己要坚信自己有能力达成预定的目标。为此，我们应该坚持不懈，不为外界的压力所干扰。

第二步，自己要相信积极的思想会结出积极的果实。因此，自己应该抽出一定的时间来进行冥想，想想自己成功时的样子。

第三步，自己要充分相信自我暗示的积极作用。

第四步，写下自己的目标，并且大声地读给自己听。

这四个步骤，每一个步骤都是一种积极的自我暗示。通过这种集中的、强化式的自我暗示，我们可以充分刺激自己的潜意识，从而使自己在日后不知不觉地将自己的信心外化为行动。

经历了上面四个步骤，我们还需要完成最后一步，即深化自己对财富、地位等身外之物的认识。只有认识到“贵以身为天下”“爱以身为天下”的玄妙，我们才可以自由地支配事物，才会建立起经得起考验的自信心。

自我暗示无疑是一柄双刃剑：如果你总是以消极的思想来暗示自我，

那么你的生活必定是灰暗的；如果你学会以积极的思想进行自我暗示，那么你不但可以建立起牢固的自信心，还可以收获美好的生活。

年轻的心不能被“标签”束缚住

很多人总是会拘泥于人们对自己的评价，他们似乎习惯了这种贴在自己身上的“标签”，以至于在做任何事的时候，他们总是会按照“标签”去进行。到最后，则很难有所突破。例如，有些人买了一件奢侈品，身边的朋友可能就会称赞：“真有钱！买的东西通常都是十分高档的。”那么，之后买任何东西他们可能都会想到别人给予的“标签”，也不去想自己是否有能力，只买贵的不买对的。很明显，这种情况就是他们被“标签”所束缚，很可能会对自己的生活造成困扰。长此以往，就会形成一种奢侈浪费的作风，特别不可取。

这些都还只是生活中的细枝末节。很多人因为“标签”的束缚而自我设限，甚至改变了自身的人生道路。或是因为他人的一句嘲讽就彻底将自己的人生否定掉，这是一种很严重的自我设限行为，它将会摧毁内心强大的能量，使人生笼罩在一片阴霾中。其实，这些人不是没有获取成功、实现理想的可能，只是他们通常都会被各种“标签”束缚，失去积极进取的激情和敢想敢做的斗志。于是，他们的潜力也会逐渐被消极谋杀，能力也会被遏制、否定，从此一事无成，惶惶不可终日。

美国著名成功学大师卡耐基曾经说过：“勇于突破自我的束缚，铲除一切阻碍、束缚自我的东西，走进一个自由而和谐的环境中，这是事业成功的首要准备。”

17 岁那年，詹姆斯·布莱尔以优异的成绩从大学毕业。毕业之后，布莱尔应聘到了肯塔基州的一所军校任数学教师。3 年后，布莱尔的思想发生了变化，他辞了职，去费城的一所盲人学校任教，在那里他负责讲授高级文学和科学课程，并受到了老师和同学的喜爱。校长赞扬说："他的才智帮助课堂里那些急切盼望学习知识的学生开了眼界，获得了提高，他完全胜任现在的工作。"

但是在那里待了两年以后，布莱尔还是决定辞职。

当时 24 岁的布莱尔也时常会拿起笔，为一些报刊写些文章，这让他感到莫大的快乐。可是，在布莱尔的心中，总感觉缺少一些什么东西，他认为自己在某一方面一定能够给人眼前一亮的感觉，所以他不愿意让那些"标签"限制自己的思想，这也是他为什么一再辞职的原因。就在这时候，机会出现了：缅因州首府奥古斯塔市的《肯纳贝克杂志》杂志社的老板有意出售一半股权。布莱尔知道了这个消息兴奋不已，这是以前他听到自己有机会当老师时的喜悦所不能比拟的，这让他意识到自己终于找到了要做的事。于是，他抓住机会，买下了这部分股权，随后举家移居奥古斯塔。

通过布莱尔此后的人生经历，我们可以看出他人生定位的改变，正是他通往未来成功生涯的一个转折点。

在布莱尔的主持下，杂志表现出新的风格，读者欣喜地看到一份目光敏锐、切中时弊的新刊物，意识到背后主事的人应该是位了不起的人物，于是这份杂志拥有了越来越多的读者。虽然布莱尔是第一次涉足这一领域，但他驾轻就熟，丝毫不逊色于在其中混迹多年的老编辑。他很快就把该州共和党的注意力吸引了过来。不到两年的时间，他就成为缅因州共和党的领袖，并成为 1856 年第一届共和党全国大会的代表。

在主持《肯纳贝克杂志》一年之后，布莱尔又接手了《波特兰商讯》的编辑工作，这使他的影响力又扩展到了商业领域。同时做两份编辑工作，换成一般人难免应接不暇，但布莱尔因为喜爱这份工作，所以永远充满激情，感觉体内好像蕴藏了无穷的能量，任何时候都是干劲十足、精神抖擞。28 岁那年，因为在这两份杂志上所取得的成就，布莱尔成为缅因州议会议员，以后又连任数届，其中还两度担任发言人。布莱尔作为缅因州代表，在国会众议院供职 14 年之久，期间 6 次成为发言人，是众议院历史上最为光彩夺目的一位发言人，受到各方面的赞扬。

所以，作为一个朝气蓬勃、充满激情和无限潜力的人，你一定不能被“标签”束缚，自我设限只会使前进的脚步被羁绊，原本光明的未来被扼杀。年轻的心，可以积极，可以自主，但不可以被“标签”所限制，不管这“标签”来自于师长或者他人的评定，还是消极自卑心态的自我设限，它都不能成为你为自己定位的依据。

第四章

换个角度看人生，世界没有你想的可怕

在很多人看来，人生充满着凶险，灾难和困苦会随时袭来，很多人为其充满恐惧。其实，人们之所以觉得人生险恶，是因为他们放大了人生的苦和难。换个角度看人生，苦难不全是人生的恶魔，世界也没有想的可怕。所以，懦弱的人只不过是自己吓唬自己。

困难没有你想的那么大

困难面前，通常人们会这么说："这个问题很难办，我无能为力""我以前没做过这个，所以……""这个不归我管，你去找……""我不会做，对不起"等。喜欢拿这些作为借口的人，多半都是比较惧怕困难，在工作上缺少自动自发的精神，不会主动地去解决问题和困难。内心惧怕的人会停止行动，因为在这些人的眼里，眼前的困难是难以战胜的。

实际上，有的问题看上去很难办，有的事情看似复杂，其实，一旦着手解决或做起来，就会发现并不像人们形容的那样难。

除了少数人经验不够或知识水平欠缺，使他们面对困难时真的很头疼外，大部分人并不是完全不能做，而是不想做、不愿意插手或不愿意负责。这些人常常用"不""不会""不想""不知道""不清楚""不擅长""对不起"等否定词，以此表示自己"不会做""不能做"。

心理学研究发现，有些人喜欢拒绝，是源于心中的惧怕，总觉得要做的事情太难了，自己无从下手，怕做不好、怕做不完。总之，这也怕那也怕，在惧怕之中时间白白流逝。

有一位勤勤恳恳的农民，多年以来，他的农田中有一块大石头。这块大石头碰断了他很多农具，还弄坏了他的拖拉机。面对着大石头，老农觉得无可奈何，这块大石头是他的一块病，但是他觉得这块石头太大了，没办法去除。

有一年的春天，这块大石头又毁坏了他的农具，他想到这块大石头给他带来的无尽麻烦，终于下决心把它弄走。于是，他找来撬棍，找到一个缝隙，把撬棍伸进大石头的下面，他惊讶地发现，这块大石头看似很大，其实埋在地里并没有想象得那么深，稍微一使劲，就可以把它撬起来了。没费多大的劲，这块大石头就被老农“请”走了。老农想起多年被这块大石头困扰的情景，再想想以前觉得把大石头弄走是多么难的事情，禁不住摇了摇头。

其实，在生活中，有很多人都跟这位老农一样。怀着一种固定的心态，不愿意去冒险，不愿意采取行动；当你为自己寻找借口的时候，你就是在退缩。而怀着一种勇敢心态，你会乐于采取行动，即便事情很难，或者你不是很喜欢它。其实，很多事情只要你做了，你就会发现，真的没有你想象的那么难。

遇到困难的时候，就应该立即弄清根源，有困难就应该立即处理。记住，很多事情并没有你想象得那么难，只要行动起来，你就会在行动中找出解决问题的方法。

心理学研究发现，人越了解自己，就会知道自己害怕什么。这种恐惧感会导致人的拖延，除非你学会如何去克服它。所以，每一个想要克服拖延的人，都要学会了解自己。假如你对自己很了解的话，那么要改变拖延这个习惯就容易多了。把拖延的原因慢慢找出来，假如好好记录，并仔细分析的话，一定可以增加你自身的力量，克服这一恶习。

在遭遇困难的时候，你必须敢于面对，首先要克服你心中的畏惧感。你怕自己会犯某些错误，就把它们写下来，然后写下你准备如何去解决这些头痛的问题，如此一来，你的恐惧就会消失得无影无踪。

恐惧是见不得光的东西，总是躲在黑暗的角落里，慢慢地消磨你的意志，但如果你把它们挖出来，迎头痛击，它们就会逃得无影无踪。战胜恐惧，真的没有你想象的那么难，勇敢的你，行动起来吧！

痛苦不止一面，关键在于你怎么看

以怎样的心态面对痛苦，将决定痛苦的强度，因为痛苦本身有着“两面性”。如果用消极的心态来看，那么痛苦必然就是不幸之遭遇；如果用积极的心态来看，那么痛苦则是磨砺我们内心的必经之路。

一说到“痛苦”二字，大多数人的意识里首先蹦出的就是和不幸、悲伤等有关联的人或者事物。或许就我们自身而言，也有过无数次的抱怨：上帝为何如此不公？有的人生下来就是享受富贵荣华，集万千宠爱于一身，而自己却从来到世上就开始为吃饱穿暖而担忧；有的人天生丽质，而自己却相貌平平；有的人顺风顺水，而自己却常常和苦难相伴。

可你是否想过，这样的抱怨有用吗？对你改变不理想的现状有一丁点儿的积极意义吗？岂不知，抱怨归抱怨，日子还得继续过，这些牢骚只能更为你心里添堵。

当你不得不背着这些抱怨默默前行许久之后，或许会不经意地发觉，原来痛苦和不幸并没有当初想象的那么一无是处，相反，它们居然给自己带来了可贵的生命品质，比如自尊，比如坚韧。或许这正应了一句话：累累的伤痛是生命给你的最好的东西。此时，你才恍然大悟，原来，人生的痛苦并不尽是坏事呀！

刚过而立之年的嫣雨经历了太多的不幸，也遭受了常人难以想象的苦痛。然而，这个文静、清秀的女人却永远都保持微笑。如今，命运之神似乎开始了对她的眷顾，而她也找到了属于自己的那份幸福。对于过去，嫣雨总是微微一笑，说：“没什么，都过去了。对于我所有的经历，无论是痛苦还是快乐，我都同样珍惜。”

嫣雨出生于一个偏僻山区的普通农家，为了改变命运，她从小就立志要靠自己不断地拼搏和努力。辛苦读书19年，成绩优异的她终于考取了一所不错的大学。但是就在四处奔走，凑齐了学费的几天后，积劳成疾的母亲去世了，这个变故使得嫣雨不得不放弃了读大学的打算，她用瘦弱的身躯背起了简单的行李来到了北京，从此过上了一边自学一边打工的生活。

这样的日子一过就是三年，生活的辛苦、身体的病痛她都默默承受。从小就身体不好的她在这几年里严重的营养不良，居然又患上了肝病。更让她痛苦的是，与她感情深厚的男友在得知她得了严重的肝炎后居然带着她所有的积蓄弃她而去。

可是，在重重打击面前，嫣雨没有倒下，而是选择了坚强地生活下去。现在，嫣雨的肝病已经痊愈，而她也通过了某大学成教的毕业考试，并且找到了一个真正爱自己的人。两人商定，结婚的日子就是他们自己的小公司成立的日子。每当说起这些，嫣雨没有感慨，她只是说：“苦也好，甜也好，这就是生活。痛苦的积累也就是生命的意义。”

故事中的嫣雨作为一个年轻女性，曾承受过那么多的痛苦和磨难。但让我们震撼的是，她依然坚强和乐观，依然保持着对幸福的向往和追求。

可以肯定，嫣雨是对的，因为痛苦对于我们的生命来说也是一笔宝贵的财富，它与幸福和快乐一样，都值得我们珍惜。

可是，留意一下我们身边，能够秉持这种想法的人并不是很多。而能够像嫣雨一样不被困难和不幸打倒的人更是少之又少，更多的人往往是在痛苦面前心灰意冷，愁肠百结时选择一醉方休，借助酒精来麻痹自己；有些人则是在痛苦中苦苦挣扎，慢慢地，心理开始失去平衡，于是疯狂地排斥他人和社会，他们的想法就是，自己痛苦，也不能让别人好过；还有些人干脆在痛苦面前万念俱灰，最终走上了轻生的不归路。

殊不知，抽刀断水水更流，举杯消愁愁更愁。醉得了一时，醉不了一世，当从醉梦中醒来，睁开双眼，那刻骨铭心的痛苦依然那么清晰；对于他人和社会造成危害的人，自然会受到法律的严厉制裁，从此更加陷入万劫不复的深渊；而轻生的人，虽然他们自己“解脱”了，却给亲人和朋友带来了无尽的痛苦。

因此，这样面对痛苦的方式显然是不正确的，也是我们不提倡的。既然如此，我们何不学习一下艾德·罗伯茨呢？

艾德·罗伯茨是个很普通的人。14岁那年，不幸降临到他的头上，由于感染而患上小儿麻痹症，致使颈部以下完全瘫痪，得靠轮椅才能行动，他的生命也只能依赖一个呼吸设备来维持。

患病之后的艾德有几次都险些丧命。在常人的眼里，他这一辈子肯定会一直生活在自卑与绝望中。然而，出乎所有人意料的是，在艾德20岁的时候，他意识到整天唉声叹气对自己没有丝毫帮助，他开始不间断地教育、影响社会大众。

终于，经过艾德15年坚持不懈的推动，社会终于注意到了残疾人的权利，现在许多公共设施都设有轮椅专走的上下斜道，有残疾人专用的停车位，许多商场、超市也都设立有帮助残疾人行动的扶手，这些在很大程度上都是艾德的功劳。

艾德没有像很多身体残障者那样一味沉浸在自己的不幸和自卑中，而是积极勇敢地面对自己的现状，并努力致力于改善其他瘫痪者的生活世界，使他们过上了方便的生活。

通过自己不懈的努力，艾德用事实告诉人们这样一个道理：身体上的缺陷并不能限制一个人的发展，只要有信心和坚定的信念，同样可以成功，过上幸福的生活。

其实，上帝是公平的，或许他给了我们痛苦，但痛苦在带给我们悲伤情绪的同时，也让我们学会自省、学会求索、学会承受。想想古今中外有多少不幸而伟大的灵魂，他们都是屡遭困厄、长期受难而奋发的结果。

所以说，悲惨的命运可能使我们的灵魂和肉体遭受折磨，但其中也会孕育着耀眼的火花，只要我们创造适当的条件，火花就会燃烧起来，照亮我们的人生和未来。

说到底，只要我们在痛苦面前勇敢、乐观、坚强，那么一切都将过去，前面依然充满希望。相反，如果我们面对痛苦时畏惧、抱怨、懦弱、沮丧，那么痛苦永远都不会离我们而去，它将令我们彻底地沉沦其中，使生命永远黑暗。

用微笑把痛苦埋葬，剩下的将是希望

俗话说："天有不测风云，人有旦夕祸福。"在痛苦面前，做到临危不乱、遇乱不惊、怀有乐观的心态是极其重要的。因此，我们不妨微笑，因为这不仅仅是一种心态，也是一种涵养，更是把痛苦埋葬的良药。

心理专家说过这样一句话："一个爱笑的女人，命运差不到哪里去。"对这句话我们可以理解为：微笑能为我们带来欢乐和幸福。

想想看，每个人都有痛苦的时候，正所谓人生不如意之事十有八九。可是面对痛苦，我们若是一天到晚阴沉着一张脸，甚至天天悲痛万分、以泪洗面，这样有什么用呢？不仅浪费时间和精力，而且老天爷也不会因此而关照我们，于事无补。而若是微笑呢？微笑着面对痛苦、微笑着迎接每一天的日月星辰，我们的心是不是也会因为这微笑而变得放松和豁然开朗呢？

第二次世界大战期间，就在庆祝盟军于北非获胜的那一天，有一位名叫伊丽莎白·唐莉的女士收到了国防部的一份电报：她的儿子在战场上牺牲了。这是她唯一的儿子，也是她唯一的亲人，那是她全部生命啊。

对于这个残酷的事实，伊丽莎白·唐莉根本无法接受，她的精神到了崩溃的边缘。生性乐观的她一下子变得心灰意冷、痛不欲生，觉得人生再也没有什么意义。在万分悲伤与沮丧里，唐莉决定放弃眼前的工作，远走他乡，到一个没有人的地方了此余生。

就在她为远行做准备的时候，意外发现了一封几年前的信，那是她儿子在到达前线后写给她的。唐莉颤抖着双手，轻轻地打开信纸，重新阅读了信上的内容："请妈妈放心，我永远不会忘记您对我的教导，无论在哪里，也无论遇到什么样的灾难，我都会勇敢地面对生活，像真正的男子汉那样，用微笑承受一切不幸和痛苦。我永远以您为榜样，永远记着您的微笑……"

看到这里，唐莉禁不住热泪盈眶，她把这封信读了一遍又一遍，脑海里浮现出儿子的样子，他用炽热的目光望着自己，关切地问："亲爱的妈妈，您为什么不按照您教导我的那样去做呢？"

想到这里，唐莉擦了擦眼角的泪花，在心里对自己说："告别痛苦的手只能由自己来挥动，我应该像儿子所说的那样，用微笑埋葬痛苦，继续顽强地生活下去。我没有起死回生的神力改变现实，但我有能力继续生活下去。"就这样，唐莉打消了远走他乡的念头。

不仅如此，唐莉还重新振作起精神，开始了写作生涯，并最终成了一名颇有影响力的作家。

在唐莉的著作中，有一本名为《微笑把痛苦埋葬》的书颇有影响。在这本书中，有这样几句话："人，不能陷在痛苦的泥潭里不能自拔。遇到不可能改变的现实，不管让人多么痛苦不堪，都要勇敢地面对，用微笑把痛苦埋葬，才看到希望的阳光。有时候，生比死需要更大的勇气与魄力。"

的确，"用微笑将痛苦埋葬，才能看到希望的阳光"。唐莉用她亲身的经历和感受为我们总结了这样一句不是名言却胜似名言的真理。在痛苦面前，我们的微笑就是战败它的绝佳武器，唐莉拿起了这个武器，并最终战胜了痛苦。

实际上，微笑是一种心态，也是一种境界，我们只有修炼到家，才能拥有这样的心态和境界。如果还有困惑，那么不妨想想寒梅和秋菊吧。寒梅无法选择季节，但却傲视冰霜；秋菊无法选择时令，却代表秋天发言。生而为人，我们无法选择无痛的命运，请学会微笑吧。当我们展露微笑，痛苦就会被悄悄埋葬，长期以往，我们的内心便不再恐惧、不再彷徨。

换句话说，如果我们能对生活报以微笑，那么快乐就会成为我们人生路上浓淡相宜的调色板，我们的人生也会因此而被幸福充溢。

一座位于美国西部的小山丘上有一间极其特殊的房子，建造房子的材料全部都是自然物质，不含任何有毒物质，里边的空气也都是人工灌注的氧气。生活在这间屋子里的人名叫玛丽，她只能靠传真与外界进行联络。

为什么玛丽会在这里生活呢?

事情的起因还要源于20年前的一天，当时，玛丽拿起家中的杀虫剂灭虫，不料杀虫剂内的化学物质破坏了她全身的免疫系统。从此，她便对所有带气味的东西如香水、沐浴露等过敏，甚至连空气都会导致她患上气管炎。

一开始，玛丽还以为这只是暂时的症状，会慢慢好起来，但经过医生的诊治，确定为这是一种慢性病，目前国际上尚无药可医。

在病魔的侵扰下，玛丽睡觉时常流口水，尿液也渐渐地变成了绿色，身上的汗水与其他排泄物还会不断地刺激她的背部，最终形成一块块疼痛又难看的疤痕。

看着心爱的妻子遭受如此折磨，玛丽的丈夫心如刀绞，最终他在医疗专家的指导下，为妻子建造了一个无毒的空间，即这间小房子。平时，所有玛丽吃的、喝的东西都要经过严格的选择和仔细的处理，不能含有任何化学成分。

多年以来，玛丽一直过着“与世隔绝”的生活，她没有见过一棵花草，没听到过一次悠扬的歌声，更无法感受温暖的阳光和潺潺的流水，因为她只能躲在无任何饰物的小屋里饱受孤独之苦。不仅如此，玛丽还不能因为孤独悲伤而放声大哭，因为她的眼泪也和她的汗水一样，随时有可能成为威胁她的敌人。

在常人难以想象的痛苦折磨下，玛丽却这样告诉自己："既然不能痛哭，那就选择微笑吧。"玛丽认为，事已至此，自暴自弃和痛苦只能毁灭自己，还不如用微笑面对。

在这里生活了10年后，玛丽开始创立主要致力于化学物质过敏症病变研究的"环境接触研究网"，同时，她还与另一个组织合作，建立了"化学伤害资讯网"，主要是倡导人们避免化学物品的威胁，并得到美国国会、欧盟及联合国的大力支持。

一个如此"脆弱"的身体却有着如此顽强的灵魂，玛丽靠的正是"能流泪就选择微笑"的乐观和豁达。她用自己的亲身经历让我们再次领悟了人生的真谛：遭受不幸或许是人生的常态，回避解决不了任何问题，只有发自内心地接受不幸，并用微笑来迎接挑战，才会走出不幸，迎来美好。

所以，当感到痛苦时，我们不妨对自己说："告别痛苦的手只能由自己来挥动。我应该用微笑埋葬痛苦，继续顽强地生活下去，我没有起死回生的能力来改变它，但我有能力继续生活下去。"

总而言之，顺境也好，逆境也罢，无论何时何地，我们都要让自己知道：在漫长的人生旅途中，苦难并不可怕，受挫折也无须忧伤，只要心中的信念没有萎缩，我的人生旅途就不会中断。

所以你要学会微笑着面对生活，不要抱怨生活给了自己太多的磨难，不要抱怨生活中有太多的曲折，更不要抱怨生活中存在太多的不公。当你走过世间的繁华，你自然会明白：人生不会太圆满，即使再苦也可以笑着面对。或许现在生活给你的是苦痛，但笑过之后，幸福就会来敲门。

只要你愿意，挫折也能变成强劲的东风

一个未曾受过挫折的人，其生命也必然是脆弱的。实际上，受挫并不是一件可怕的事情，它是我们成熟的必由之路。感受挫折，我们就会对生活加深一层理解，对人生增添一层领悟。

当遭遇挫折的时候，生性脆弱的人会感觉到自己的世界末日来了，因而痛苦不堪、悲观失落、信心全无、患得患失，失去生活的信心，对未来恐惧，甚至产生轻生的念头。而只有那些乐观积极的人才会把挫折当作人生的财富，即使身处荆棘之中，仍能用坚强的意志为自己开辟出一条道路，成为了不起的成功人士。

事实上，身为凡夫俗子的我们不可能始终一帆风顺，难免会遭遇伤痛、挫折和失败，这都是很正常的事，我们最需要做的就是接受挫折，并把它看成是人生中的另一种财富。在现实生活中，那些乐观积极的人也正是这么做的，他们认为，挫折并非意味着不幸，而是成就自己的一股强劲的东风。

周末的午后，索菲雅来到家附近的公园里，坐在长椅上，正想好好享受冬日里暖暖的阳光时，一位中年妇女坐在了她的身边，喋喋不休地向她诉说着生活中的艰辛："各种挫折仿佛在一瞬间向我袭来。"她抱怨道。

索菲雅静静地听完，然后微笑地对她说："听听我的故事吧。"接下来，索菲雅讲了自己的经历：

"13 岁那年，我父亲去世了，当我悲伤难过的时候，母亲对我说：'生

活中的变化是不可避免的，始料不及的挫折也许会给你带来机会。勇敢地往前走，你会获得新的人生。'

“母亲不仅这样说，也是这样做的，并成了我生活的榜样，她靠打工养活了我，供我读完了大学。

“毕业后，我凭借自己的能力找到了一份满意的工作，那时我遇见了我的爱人，就在我们结婚不到一年的时候，他应召入伍。6个月后，我收到了来自部队的一封电报，信中说他牺牲了。正沉浸在幸福中的我不能接受这样的事实，但我想到了母亲曾经说过的话。

“我认为，没有了他，我必须要活下去，而且要活得更好，因为有更多的担子落在了我的肩上——我必须赡养自己的母亲和婆婆。

“在工作中，我得到了一个培训的机会，从此，我的生活步入了全新的、不断发展、不断完善的轨道中。我逐渐明白了人生的法则，对于每一次的损失，上帝都会给你找回来，只要你去寻找它。

“最后，我成功了，成为银行的一位高级管理人员，并且一直工作到退休。退休后的一天，我在家中意外地接到了银行的电话，他们希望重新聘请我回去工作，因为我正适合与老年人沟通。

“于是，我又重新返回了工作岗位。你看，生活的挫折并没有那么可怕，反而是一生的另一种财富，不是吗？”

听完索菲雅的话，中年妇女似乎也领悟到了许多，她以钦佩和感激的神色向索菲雅道了别，迈着比来时轻快得多的步伐走了。

看完这个故事，我们很难不为索菲雅的遭遇感到哀伤，幼年丧父、青年丧夫，这是人生中何等重大的不幸！然而，我们又为索菲雅的顽强和乐观感到喜悦和敬佩，因为她凭借自己强大的精神力量战胜了挫折、跨越了不幸，这种对待挫折的态度值得每一个人学习。正如英国小说家萨克雷所说：“只要你勇敢，全世界都会为你让路。如果有时它战胜你，你就要不断地勇敢、再勇敢，世界总会向你屈服。”

是的，只要你勇敢、努力，就算是在恶劣的环境中也会绽放出绚烂的人生。只有那些脆弱的人才会像寄居蟹一样，因为害怕挫折、担心危险而不敢走出自己的壳，每天只知道躲藏，不停地想找个庇护自己的地方，却从不知道最好的庇护就是让自己更强大。

从心理学角度而言，我们的身体好比一个大的化工厂，我们有什么样的心情，我们的身体就会进行什么样的化学合成。因此，对正处于挫折中的人来说，保持一种强大的心理力量是十分重要的。

事实上，在任何一个人的生命旅途中，都难免有很多的挫折、困难和痛苦，但只有让自己的内心变得强大，勇敢地迈步向前去感受路上的风景，就比躲起来要好得多。也只有这样，才能得到自己所企盼的成功。

这样看来，挫折实际上是帮助我们成熟的“心灵导师”。感受一次挫折，我们就会对生活加深一层理解；经历一次失败，我们就会对人生增添一层领悟。面对挫折和失败，我们应反省自己有哪些做得不好的地方，以后有没有避免的可能，该怎样避免，等等。这样一来，我们就不会把一次失败看作天塌下来那般恐怖，而是能够从中汲取经验和教训，为以后的成功架桥铺路。既然如此，挫折和失败又有什么可怕的呢？

所以说，要想获得成功和幸福，首先就要经历挫折、领悟失败。当你能够以积极的心态来看待挫折的时候，潜藏在你意识深处的精力、智慧和勇气就会被调动起来，激励你勇敢地面对生活中的一切挫折和困难，并尽自己最大的努力来迎接挑战、战胜困难。也只有这样，你才能将自己历练成生活的强者，才能争取到属于自己的胜利和幸福。

挫折是口香糖，嚼一嚼再吐掉

遭受挫折的滋味不好受，但若是换一种心态来看待，于我们的内心而言则会有大大的不同。

如果把挫折当作一块口香糖，品尝了其中的或酸、或辣、或苦的滋味后，迅速地吐掉，那么我们就会以全新的面貌迎接未来的挑战。

俄国著名诗人普希金在其诗歌中写过这样一句话："假如生活欺骗了你，不要悲伤、不要心急，忧郁的日子里需要镇静，相信吧，快乐的日子将会来临。"无独有偶，有位著名的学者也曾说过："桂冠上的飘带不只是用天才的纤维捻制而成的，还需要用痛苦、磨难的丝缕纺织出来。"

通过这两段话，我们可以体会到：生活中处处充满着艰难险阻，磨难随时都有可能来到我们的面前，我们要拥有一颗乐观的心，用微笑来面对它。

既然失败如普希金和那位学者所说，那么我们何不换一种心态，把人生的挫折当作口香糖来嚼呢？体验了其深切的滋味后，便迅速把它吐掉，然后以一股新的力量重新面对挑战，这才是一种乐观积极的心态，也是能让我们顺利跨越痛苦和困境的良药。

伟大的发明家爱迪生在美国新泽西州的工厂里有一个实验室，里面有价值 200 万美元的设备和大部分研究成果，然而这里却曾发生了一件非常不幸的事。

1914 年 12 月的一个晚上，工厂突然失火了，爱迪生的实验室被烧得干干净净。第二天，爱迪生来到现场，当这位大发明家看到他的实验室化为灰烬之后，难免一阵心痛，毕竟这是他大半辈子的心血。

当时，在场的每个人都用温暖的语言安慰他，劝他不要难过。没想到爱迪生挥了挥手，向大家表示感谢，然后轻轻地对大家说："大家放心好了，我不会就此陷入绝望之中的。其实灾难也有它的好处。没错，这场大火的确把我的成果给烧光了，不过同时它把我的错误也烧光了，现在我要重新开始！"

虽然心痛，但爱迪生没有沉浸在痛苦中无法自拔，而是在面对自己没有办法改变的结果时，试着改变自己的心态，在不幸的遭遇面前让自己多一份微笑。

当我们以健康、积极的心态面对人生旅途上的苦难时，那些不幸的遭遇在我们眼里就会转化成一道凄美的风景。当我们怀着这样一种看风景的心情来看待人生的时候，我们就会发现一切都是那么的淡然和美好。同时我们还会觉得，原来一切并没有我们想象的那么难、那么悲惨。

琳琳是一个身材高挑的模特，但她的眼睛不好看，这使她很自卑。为此，她经常戴着墨镜出门，走秀的时候也总是惦记着评委和观众们看自己的眼睛，恨不得寸步不离墨镜的"保护"。这么一来，琳琳有好几次都险些出错，被老板教训过好几次。渐渐地，琳琳有些绝望了。

但可喜的是，就在琳琳决定离开 T 台的时候，一位著名的模特教师发现了她的天赋，因为她有着难得的傲人身材。这位老师告诉琳琳，她有着上天赐予的好身材，简直是为模特而生的，如果她能忘掉自己小小的眼睛的话，那么她的模特之路肯定会走得更顺畅、更通达。

在这位老师的鼓励下，琳琳终于走出了心理阴影，最终在一次大型走秀活动中脱颖而出，获得桂冠。

人的长相是天生的，如果不是靠后天"外力"的整容作用，它是不会依照我们的意愿而改变的。面对不满意的长相，如果内心总是纠结的话，就会沉浸在痛苦之中难以自拔，以致影响自己的生活和事业，就像故事中的琳琳一样。

若是换一种心态来看待这些缺憾，用微笑来面对它，我们就不会为自己的平庸或丑陋感到自卑，就会从缺陷的阴影里走出来。要知道，上帝在给你关上一扇门的时候，总会为你再打开一扇窗。因此，用乐观的心态来笑对人生，用积极、阳光、乐观的心态走好漫长的人生，一定能获得无数的快乐。

因此，就让我们把失败当作口香糖来咀嚼吧，这样我们终会从中体验到不同的味道。同时，我们的内心也像我们的牙齿一样得到净化，如此一来，即使身处逆境，我们也一样能够“拍拍身上的灰尘，振作疲惫的精神”，然后重新走上奔向未来的光明旅途。

痛苦，也可以看成一段快乐的旅程

我们都希冀远离痛苦，可这种好事或许只能出现在美好的梦里。其实，我们若是换一种想法，痛苦也并非全然是不幸，它同样可以被看作是我们人生之路上一段快乐的旅程。

在谈到如何看待逆境和顺境的时候，一位大学教授说过这样一段话：“有的人可能一帆风顺，有的人可能会遇到挫折。人生伴随着欢乐，也伴随着悲苦。忧患是与生俱来的，顺境是我们的愿望，而逆境则可能是生活中应有之理、应有之义。不然的话，我们又何必讲‘迎接挑战或参与竞争’之类的话呢？”

实际上，现实情况的确如这位教授所言，人生旅途中无不存在忧患，顺境只是我们的愿望罢了。也正是因为此，“挑战”和“竞争”才具有了特定的意义。

无独有偶，华人首富李嘉诚先生也说："逆境和挑战激发生命的力度！"我们可以将李先生的话理解为：我们所经历的困境、我们所承受的痛苦，实际上是在为激发生命的能量而存在的！在此激励下，我们就会迎难而上、不惧失败和竞争，那么最终迎接我们的很可能就是成功的辉煌了。

若是不这样想呢？如果我们遇到逆境就退缩、承受痛苦就难过，恨不得让所有不幸的遭遇都和自己无缘，那么这样一来，我们就会被困难吓倒，以至于忘了最初的目标，从而走向失败的深渊。

有一座矗立在路边的泥像，一直希望找个躲风避雨的地方，它更希望能够像人那样自由自在地奔跑。由于它无法动弹，这些想法也只能作为它心里的希望罢了。

不过，时间长了，它有些按捺不住，终于决定向人类发出呼喊。于是，它开始等待人类救助它的机会出现。

这天，智者圣·约翰路过此地，泥像哀怜地向圣·约翰发出呼救。"智者，请让我变为人类吧！"泥像说。

圣·约翰看了看泥像，然后衣袖一挥，泥像立刻变成了一个活生生的青年。

"你想要变为人类可以，但是你必须跟我走一下人生之路，假如你承受不了人生的痛苦，我可以马上把你还原。"智者圣·约翰说。

于是，青年跟随圣·约翰来到一个悬崖边。

"现在请你从此岸走到彼岸。"圣·约翰长袖一拂，上了铁索桥。

青年战战兢兢地踩着一个个大小不同的链环的边缘前行，然而不小心一下子跌进了一个链环之中，顿时两腿悬空，胸部被链环卡得紧紧的，几乎透不过气来。

"啊，好痛苦啊！快救命呀！"青年挥动着双臂，大声呼喊。

"请君自救吧！在这条路上，能够救你的只有你自己。"圣·约翰在前方微笑着说。

青年扭动身躯，奋力挣扎，好不容易才从这痛苦之环中挣扎出来。

“你是什么链环？为何卡得我如此痛苦？”青年愤然道。

“我是名利之环。”脚下的链环答道。

青年继续朝前走。忽然，一个绝色美女朝青年一笑，然后飘然离去，不见踪影。

青年稍一走神，脚下一滑，又跌入一个环中，被链环死死卡住。可是四周一片寂静，没有一个人来救他。

这时，圣·约翰再次在前方出现，他微笑着缓缓说道：“这条路上，没有人可以救你，只有你自己救自己。”

青年拼尽全力，总算从链环中挣扎了出来，然而他已累得精疲力竭，便坐在两个链环间小憩。

“刚才的这个是什么痛苦之环呢？”青年想。“我是美色之环。”脚下的链环答道。

经过一阵轻松的休息后，青年顿觉神清气爽，心中充满了幸福愉快的感觉，他为自己终于从链环中挣扎出来而庆幸。

青年继续向前赶路。然而意想不到的是，他接着又掉进了欲望之环、忌妒之环，待他从一个个痛苦之环中挣扎出来，他已经完全疲惫不堪了，抬头望望，前面还有漫长的一段路，他再也没有勇气走下去了。

“智者，我不想再走了，你还是带我回到原来的地方吧。”青年呼唤着。圣·约翰出现了，他长袖一挥，青年便回到了路边。

“人生虽然有许多痛苦，但也有战胜痛苦之后的欢乐和轻松，你真愿意放弃人生吗？”智者圣·约翰问道。

“在人生之路上，痛苦太多，欢乐和愉快太短暂、太少了，我决定放弃做人，还原为泥像。”青年毫不犹豫地说。

智者圣·约翰长袖一挥，青年又还原为一尊泥像。

“我从此再也不必受人世的痛苦了。”泥像想。

不久，泥像便被一场大雨冲成了一堆烂泥。

故事中的泥像由于无法忍受作为人类的痛苦，最终只得回归到泥像的角色，失去了做人的机会。其实正如智者所言，任何人只有经过痛苦的折磨，才能感受到幸福的美好，才会懂得珍惜人生。

假如把人生比作一次长途旅行，那么痛苦就是我们的旅费。在这一趟旅程中，我们可以得到各种各样的经验。如果我们拒绝花掉这笔名叫痛苦的旅费，那么我们就无法到达理想中的自的地，只能在错过与失落中哀叹。

不怕有问题，因为答案就在其中

很多人害怕出现问题，不敢提出问题，在生活中缺乏挑战精神，得过且过。其实，很多所谓的难题并不难，只要你敢于思考，你很快就会找到答案。

当你提出一个问题的时候，你往往也在思索着如何解答这个问题。可以说，思考本身就是问与答的过程。你提出什么样的问题，你的意识和思维就会以相应的方式聚焦在这个问题之上。以此来看的话，我们可以说：当你提出问题的时候，答案就已经蕴藏在问题之中了。

古希腊哲学家苏格拉底就深知提问题的意义，在他的教学活动中，他从不主动地向学生提供现成的答案，而是通过提问、反问等方式与学生进行交流，让他们自己去寻找问题的答案。

一次，苏格拉底的学生向他问道：“苏格拉底，请问什么是善行？”

苏格拉底回答道：“盗窃、欺骗、把人贩卖为奴隶，这几种行为你觉得是善行还是恶行？”

学生回答道：“是恶行。”

苏格拉底接着问道：“欺骗敌人是恶行吗？把俘虏来的敌人卖作奴隶是恶行吗？”

学生回答道：“如果是朋友做的话，这是善行。”

苏格拉底继续问道：“按照你的意思，盗窃朋友的东西是恶行了。但是，如果一个人盗窃了你朋友将要自杀的工具，那这种盗窃行为是恶行吗？”

学生回答道：“是善行。”

苏格拉底继续问道：“你说对朋友行骗是恶行，可是，如果在战争中统帅为了鼓舞士气，对士兵说，援军就要到了。但实际上并没有援军，这种欺骗行为是恶行吗？”

学生回答道：“是善行。”

通过不断地提问进行教学，被之后的人们称为“苏格拉底教学法”。这种方法注重学生的自我分析能力，因此受到了很多教育者的青睐。美国的很多法学院，都采用这种方法。那里的教授对这种教学方法做出了这样的解释：其实，最经常提出的问题就是“为什么”，因为通过这样的提问，我们就可以了解学生的观点、主意和思考的情况。也就是说，对于问题，你有什么样的思维，你就会得出什么样的结论。

由此可见，问题往往关乎结果。可以这样理解的话，我们就可以这样说：一个好的问题就可以结出好的结果；一个坏的问题自然导致坏的后果。著名的物理学大师科明斯曾经说过：“唯有能提出好的问题，才能得到好的答案。”是呀，对于科学研究来说，提出一个好的问题无异于发现了一个正确的研究方向，顺着这个方向研究下去，必然可以取得一个好的结果。如此，我们也可以进行类推：一个企业之所以能够成功，是因为在经营的过程中，管理者对经营中的关键环节——管理、营销、生产、渠道等提出了一系列好的问题，并因此而找到了解决这些问题的好方法，通过这些问题的提出，公司避免了经营上的失误，进而提高了效率；一个人之所以能够在人际关系中获得成功，是因为在相处的过程中，他提出了能够促进人际关系的问题，并找到了解决这些问题的方法，因此，他避免了可能影响人际关系的冲突；一个政客之所以能够成功，是因为他提出了如何满足选民要求的问题，并找到了满足选民要求的方法，因此，他获得了选民的支持。

由此，我们也可以这样说，人与人之间之所以产生了如此巨大的差别，一个重要的因素就在于所提的问题。问题不仅能够反映出一个人的内心渴望，也能够反映出一个人的视野。只有视野开阔的人才能提出富有远见的问题，只有充满欲望的人才能提出富有成效的问题。

第二次世界大战期间，法西斯德国为了实行自己的种族灭绝政策，专门建造了集中营，以此来残害犹太人。死于集中营的犹太人数以百万计，这也成为了人类历史上最大的浩劫之一。

面对着德军严密的警戒，大部分犹太人都接受了自己的命运，认为集中营就是一座无法逃脱的地狱。但是，并不是每个犹太人都这么认为。其中就有一位名叫史坦尼斯洛的犹太人成功逃脱了纳粹德国的魔爪。

身处集中营这样的人间炼狱，史坦尼斯洛下定决心一定要活着逃出去。但是，面对着高高的铁丝网，以及德国士兵和警犬的巡逻，想要逃出去并非一件轻易就能够完成的事情。“如何才能平安地逃出去？”这个问题成为了史坦尼斯洛一直苦苦思索的事情。为此，他总是留意集中营的一举一动，以期找到逃跑的方法。

功夫不负有心人。史坦尼斯洛终于在被屠杀之前想到了逃跑的方法。他发现，德军经常从集中营中拉出一车车的死尸，自己完全可以通过装扮死尸来逃离这个人间地狱。一次，当集中营的囚犯将要收工时，史坦尼斯洛迅速地脱掉自己的衣服，赤裸裸地趴在了死尸堆里。他屏住呼吸，直到被搬上汽车，仍然一动不动。

就这样，史坦尼斯洛被拉出了集中营。之后，汽车开到离集中营很远的一个荒凉之地，将死尸卸在了一个土坑里。史坦尼斯洛趴在土坑中静静地等待着。直到夜幕降临，他才悄悄地爬到坑外，不顾一切地开始飞奔，最终史坦尼斯洛拯救了自己。

史坦尼斯洛通过不断地向自己提问——如何才能逃出？最终找到了拯救自己的方法，帮助自己脱离了人间地狱。对于我们这些经常陷入困境中的人来说，为什么不能通过这种方式来拯救自己呢？其实，我们并不是没有向自己提出问题，只是我们提出的都是一些不好的问题，是一些只能使自己丧失斗志的问题。比如，这有什么用呢？如果不起作用，为什么我还要浪费时间去做呢？诸如此类的问题，在提出的一瞬间，便宣告了我们的失败。试着去问自己几个好问题吧。比如，为什么我没有成功？通过什么方式才能成功呢？多提出几个诸如此类的问题，你会发现在这些问题的指引下，你的思路将变得开阔，对自己的认识也会更加清晰。

答案就在问题之中，当我们怀着好奇的心情去向这个世界提问的时候，我们就已经开始激发自己的探索精神。听听爱因斯坦是怎样说的吧：“最重要的是绝对不要停止好问的精神……如果你要每天都能学到一点好东西，好奇心是不可少的。千万不要失去你宝贵的好奇心。”

完美与否，其实只在一念间

喜欢较劲儿的人不甘于生活本身不够完美，总是不停地追求着内心所勾勒出来的完美。岂不知，不管他们做多大的努力，只要追求完美的心思不放下，那就永远有无法弥补的遗憾和永远无法企及的高度。

“每天睡到自然醒，事少钱多离家近。家庭美满身体健，日日快乐日日闲。”这是一则搞笑短信中的内容，话虽登不得大雅之堂，但它的确道出了我们大多数人的美好愿望——渴求完美生活的愿望。

可是，对这些渴求生活完美的人来讲，完美就好比被他们追着跑的太阳，看得见却摸不着，它永远是那么遥不可及。既然遥不可及，就注定了它不被拥有，它永远只能是“水中月，镜中花”。

已过而立之年的杰克一直没找到理想的对象，当他听说有一家新开的很特别的婚介所开张后，便马上去应征。

杰克走进婚介所之后，发现里面还有两扇门，一扇门上写着“美丽”，另一扇门上写着“不美丽”。他毫不犹豫地推开标着“美丽”字样的那扇门走了进去，接着他又连续推开了标着“年轻”、“温柔”、“高雅”等字样的门。

可是，当杰克推到第十扇门的时候，他看见那道门上赫然写着这么一行字：对不起，您追求的对象过于完美，您还是到天上去找吧。

这个故事告诉我们，世界上压根儿不存在十全十美的人和事物，我们根本无须徒劳寻求完美。

但是，我们也必须承认，追求完美是有些人心中坚定的信念。但我们不能不遗憾地说，他们忽略了完美是个有号召力的口号，也是一个漂亮的陷阱。当自己深陷泥塘时，却还误以为躺在柔软的席梦思床上，实际上是自己一头扎进完美自身所造成的误区，只不过这种误区通常是以漂亮的面貌来向人们招手。于是，很多人就这样被虚荣蒙蔽双眼，在完美的泥潭里渐渐地失掉生活的原汁原味。这样的人，用“可悲”二字形容都不为过。

可是很遗憾，这两个字还真是大有用处，看看我们身边，有多少人在恋爱的时候，恨不得自己的头上可以多长出一只眼睛，或者拿着放大镜将未来的老公或者老婆的面貌、身高、学历、家庭、财产等一一进行剖析，担心一不留神而放过一点儿“蛛丝马迹”，从而影响自己的“完美计划”。于是，众里寻他千百度，万里挑一，终于遇到了自己心目中那个“完美女神”或者命中注定的“白马主子”。可是等到真正开始柴米油盐的生活时，自己却嫌弃他睡觉之前不洗脚、用手抠脚丫子不卫生，他也埋怨自己“事多”，对方的“完美形象”也随之灰飞烟灭，尽管有种种“过不去的坎儿”，但从大局出发也只好忍了。

不过，到这个时候还不算完，因为对大多数追求完美的人来讲，往往还会有新一轮追求完美的机遇，比如，有了孩子，他们就会将当初对爱人的完美要求转移到对孩子的要求上来，一心想把自己的孩子培养成为“人中之龙凤”，让孩子上最好的小学、最好的中学、名牌大学，最后再出国深造，一切看起来完美得不像话。但是最后，孩子真的能如自己所愿，实现你寄予他的一切厚望吗？如果你的希望全部泡汤，你的下一个完美追求又该往何处安放呢？

对于完美主义者来讲，他们的“完美”欲望会随着时间和环境的改变芝麻开花节节高。比如，对于一个女性来说，有香奈儿的衣服还不够，最好还要有一个上档次的 LV 的包包，这样就完美了。殊不知，这种完美只是虚荣的幌子。如哪一天她又开始盯上了爱马仕，那是不是 LV 就是多余的点缀了呢？同样地，对于男人来说，有豪车名宅，似乎还缺少点儿浪漫，这时候，有一个温柔体贴的情人就完美了。但是，即使是这样也总有吃腻的时候，如果哪一天他厌倦了这所有的一切，那么他想要的完美又“何处是归鸿”呢？

既然如此，我们就该让自己认识到，不管做多大的努力，只要追求完美的心思不放下，我们就永远有无法弥补的遗憾，不管怎么追求，还是有我们无法企及的高度。说到底，这就是生活本身的样子，它总是在完美这件事上和我们不停地较劲儿。

如此看来，我们着实有必要摒弃过分地追求完美的心理。古人有言：“月有阴晴圆缺，人有悲欢离合。”既然月亮都不可能永远是圆的，那么我们又何苦去强求生活的完美呢？更何况，我们认为达到的“完美”只是我们的一种局限认知，人总要成长，我们对完美的定义也会逐渐发生改变，从这个意义上来说，完美是不存在的。

再退一步讲，如果我们认为自己的生活“完美”了，那么在我们的内心深处，生活于我们而言也就没有什么乐趣了，因为那是一种可怜的生存状态，我们将再也无法体会到生活有所追求、有所希冀的感觉，我们甚至也无法体会到得到自己一直追求的东西的那种无与伦比的喜悦之情。这样的“完美”，我们还会要吗？

第五章

相信自己的选择，敢走自己的路就对了

不怕别人嘲笑，不怕遭遇失败，不怕独立特行，相信自己的选择，按照自己的想法去做是一种勇敢的行为。当一个人有充分的自信，敢于走自己的路，他所获得的成功往往也是巨大的。所以，相信自己，敢于与众不同，这样去做就对了。

只要一部分人满意就够了

有句广告词说："没有最好，只有更好。"其实，对一个人来说，没有最好，只有最合适。无论是做人还是做事，这句话都是真理。但是，生活中，偏偏有人不相信这个道理，别人说什么，他们就听什么。别人说应该往东，他们就不敢向西，别人说要往西，他们就不敢向东。这类人一般虚荣心较强，最不愿意也最怕听到的就是别人的反对意见，所以为了讨好每一个人，只好被别人指挥得晕头转向，却不知其所以然，在别人的言论里迷失了自我。

从前，有一个士兵当上了军官，心里甚是欢喜。每当行军时，他总喜欢走在队伍的后面。在一次行军过程中，有人取笑他说："你们看，他哪儿像一个军官，倒像一个放牧的。"军官听后，便走在队伍的中间。这时，又有人讥讽他说："你们看，他哪儿像个军官，简直是一个十足的胆小鬼，躲到队伍的中间去了。"军官听后，又走到了队伍的最前面。别人又挖苦他说："你们瞧，他还没打过一个胜仗，就高傲地走在队伍的最前边，真不害臊！"军官听了，腿就不听使唤了，在别人的指手划脚下，他连路都不会走了。

人要是没了自己的主见，经不起别人的议论，那么就会一事无成。我们若想活得不累，活得痛快、潇洒，只有一个切实可行的办法，那就是改变自己，主宰自己，不再相信"人言可畏"。

我们每个人都生活在自己所感知的经验世界中，别人对我们的反映大多有一定的原因和道理，但不可能完全反映我们的本来面目和完整形象。别人对我们的反映或许是多棱镜，甚至有可能是让我们扭曲变形的哈哈镜，我们怎么能期望让人人都满意呢？

有一个人是某家大公司的职员，可是他却整日发愁，不知道自己该怎么做。比如，他和新来的同事有所接近，就会有人怀疑他居心不良，于是他就不敢再与新同事接近了；他到某领导办公室去了一趟，就引起这样或那样的议论，所以他没事就很少去领导办公室了；开会的时候，他说话直言不讳，就有人说他骄傲自满、目中无人，于是他就闭口不言；他默默无闻地争取工作第一，又有人说他死心眼、太傻……凡此种种飞短流长的议论和窃窃私语，可以说是无处不生、无孔不入，搞得他头昏眼花、心乱如麻，都快崩溃了。

如果你期望人人都对你感觉满意，你必然会要求自己面面俱到。不论你怎么认真努力，怎么尽量去适应他人，都不能做到完美无缺，让人人都满意。这种不切合实际的期望，只会让你自己背上一个沉重的包袱，顾虑重重，活得疲惫不堪。

这里有一个寓言故事：

一个农夫领着小儿子牵着驴赶集回来。开始的时候，他让儿子骑在驴背上，自己走着。不久，路遇一个老人，老人撇撇嘴，轻蔑地说："看啊！这家人真是不懂礼数，没大没小，竟然让老子给儿子牵驴。"

农夫想了想，便让儿子从驴上跳了下来。父子俩牵着手继续赶路。可是他们没走出多远，迎面来了一个年轻人，他看见这一老一小有驴不骑，便不解地说："真是两个怪异的家伙，有驴不骑偏要费劲地走路。"

农夫听了，觉得有道理。于是他便把缰绳递给了小儿子，自己一跨骑到了驴背上。可是没走多远，又有一个妇人迎面走了过来。就在他们擦肩而过的时候，农夫听见女人嘟囔道："那么大个人自己骑在驴上舒舒服服的，却让这么小的孩子牵驴。真是没心没肺！”这回老农只好把小儿子也拽到了驴背上来。

不久，又遇到一个人，那人说：“真不像话，毛驴每天为你辛苦劳累，你竟然还要骑着它，而且还一骑就是两个人。”农夫一拍脑袋说：“是啊，我真是太残忍了。”于是他们跳下驴背。可他们真不知道怎么办好，骑也不对，不骑也不对，儿子骑也不对，老子骑也不对，怎么办呢？最后他们只好把驴扛回家去。

这个故事听上去似乎很荒唐，可是，在现实生活中我们经常会遇到类似这位老农的境遇。如果一个人自信心不强，就会盲目地追随别人，逐渐丧失独立思考的能力，就像那个老农那样，别人一开口就变得惊慌失措，没有了主见。

每个人都有自己的想法，每个人都有自己的观点，不可能强求统一。为了满足自己的虚荣心而试图去讨好每个人的做法，是没有必要的，也是愚蠢的。与其把精力花在一味地迎合、顺从别人上，还不如把主要精力放在踏踏实实做人、兢兢业业做事上。

走自己的路，走出别人没走过的路

现实生活中，人们往往将人分为两种：成功者与失败者。毫无疑问，人人都向往成功，人人都不希望自己成为失败者。那么，如何定义成功呢？失败者又失败于何处呢？失败者就败在总是习惯于把他们的生命消耗在老路上苦苦地拼搏，久久徘徊于自己是否能实现梦想的困惑和迷惘之中。而成功者就在于他们能够发现山那边横亘着一条宽广而平坦的路，那条路似乎就是为他们而建的，等待着他们驰骋于心中的理想之境。

古希腊大哲学家苏格拉底曾被人贬为“让青年堕落的腐败者”。美国职业足球教练文斯·伦巴迪当年曾被批评“对足球只懂皮毛，缺乏斗志”。贝多芬学拉小提琴时，技术并不高明，他宁可拉他自己作的曲子，也不肯做技巧上的改善，他的老师说他绝不是个当作曲家的料。如果这些人不是“走自己的路”，而是被别人的评论所左右，怎么能取得举世瞩目的成绩呢？

你的使命终究还要靠自己来完成，你人生的目标是独一无二的，专属于你自己的。它神秘而又绚烂，值得你用一生去追求。

在女性时装方面的成功并没有让世界服装设计大师皮尔·卡丹就此停止前进的步伐。酷爱钻研的他又开始思索起另一个问题：时装作为人类的装饰物，不应该仅仅为女性所独有。但在当时的法国时装界，有一种沿袭多年的传统看法：真正的服装设计师只能设计女装，而设计男装则会被人们指责为离经叛道。但是强烈的创作欲望没有使皮尔·卡丹的脚步被羁绊，反而促使他立志于设计出优秀的系列男装。

1959年，皮尔·卡丹在巴黎举办他的时装展示会。展示的服装既有女装，也有男装。他的这一举动在巴黎时装界掀起了一场轩然大波，业界人士纷纷将矛头对准了他，一时之间，皮尔·卡丹成为众矢之的，在名誉和经济上遭受了双重打击。

然而，皮尔·卡丹并没有因为世人的唾弃而退缩，他依旧坚持着自己的初衷，认为如果女装可以涉及最高层次，那么男装又有何不可呢？在强烈的信念驱使下，他继续着自己设计男装的道路，而且坚持聘请时装模特做表演，并不断扩大规模。果然，没过多少年，皮尔·卡丹便迎来了男装市场的春天，由他设计的系列男装迅速占领了法国男装市场的半壁江山，并且很快风靡全球。

人要从没路的地方走出一条路来，不要泯灭了自己的个性，不能一味模仿别人。那样只会迷失自我，连自己的命运都无法自己把握。“走自己的路，让别人说去吧！”我们对这句名言并不陌生。可是，我们在生活中是否信奉它、实践它呢？

要知道，在这个世界上，生活着60亿各自具有不同特质的人，在他们各自的生活轨迹中，至少也存有上亿种成功模式。当我们每一个人特定的优势与劣势、需要与理想是如此的与众不同时，怎么可能存在一种放之四海而皆准的成功模式呢？

而且，如同每一个人都有不同的生活轨迹，每一个人对成功的定义也是截然不同的。成功的定义并不取决于你渴望的目标，而是取决于你达到目标后的满意程度。也就是说，每一个人都应该有自己的人生，有自己的成功之路，在这条成功之路上，都应该有属于自己的成功底牌，打拼出自己不一样的人生。

古时候，在一望无垠的沙漠深处，有一座埋藏着无数宝藏的古城。要想获得宝藏，就要穿越整个沙漠，还必须战胜沿途数不清的陷阱和机关。沙漠里缺水，没有旅店，想穿越无疑是件困难重重的事，更别说逾越、战胜那些陷阱和机关了。

许多人都十分向往沙漠古城里价值连城的财宝，却没有十足的勇气去征服沙漠中的陷阱和机关。这些珍宝，就这样在沙漠古城中埋藏了许多年。

有一年，一个勇敢的人得知了这个消息后，独自踏上了艰辛而漫长的寻宝之路。为了在返程之时不会迷失方向，这位寻宝者每走完一段路，都要做一个明显的标记。他在沙漠中不断行走，不断摸索。然而，当他依稀看到古城之时，却不小心掉入了陷阱，眨眼间便被毒蛇咬成白骨。

过了许多年，又有一位勇敢的寻宝人踏入了这片渺无人烟的沙漠，当他看到前人留下的标记时想：这条路一定有人走过，沿着别人指引的道路行进，一定没有错。他高兴地沿着前人留下的标记走了一段路，果然没遇上什么危险。可就在他大胆向前迈进时，稍不留神，也掉进了陷阱之中。

又过了几年，又一位勇敢的寻宝人走进了沙漠，他选择的同样是前面两人走的道路。结果，他的命运也同样悲惨。

最后，一位智者走进沙漠来寻宝，当他看到前人留下的醒目标记后，心想：这些标记不一定就十分可靠。前人指引的道路，不一定就是一条安全、正确的道路。不然的话，那些寻宝者为什么会一去不复返呢？智者在一望无际、险象丛生的沙漠中，重新开辟了一条崭新的道路。他每迈一步都十分小心。最终，他克服了重重困难，抵达了埋藏宝藏的古城，获得了无价之宝。

智者临终之时，曾对自己的儿孙说："前人走过的路，并不一定就是一条通向成功的正确道路。前人的路标指引的方向，也不一定就是正确的方向。要想获得人生的宝藏，就需要大胆去探索、去开辟一条属于自己的路。被众人走过的宽敞大路，绝没有无价之宝等待着自己去挖掘。即使真有宝藏，也被那些早日踏上这条道路的寻宝人夺走了。"

这个故事能给我们这样的启发：世上的路并不是走的人越多了越平坦、顺利，沿着别人的脚印走，不仅走不出新意，有时还可能跌进陷阱。其实生活中，我们有很多时候又何尝不是在重复着别人的老路，别人说这样做不对，便不敢去做；别人都去做的事，一定要亦步亦趋地去追随，这就是我们生活中大多数人的真实写照。

跟在别人的脚步后面，永远走不出自己的道路。试想，如果当你年老时，回首你的人生道路，每一个脚印都不过是对前人的重复，这样的人生，有什么意义呢？俄国作家契诃夫说得好："有大狗，也有小狗。小狗不该因为有大狗的存在而心慌意乱。所有的狗都应当叫，就让它们各自用自己的声音叫好了。"

人生只属于自己，一味遵循他人的思想、不敢面对真理是懦弱的表现，这样的人生是悲哀的。我们应该成为主宰自己生命的人，走自己的路，走出自己的风格，走出自己的个性，我们的人生才会是独特的，才会是精彩的。

活在自己的世界，比什么都快乐

世间有许多人都当不了自己的“家”、做不了自己的主。倘若自己做不了自己的主，便只能活在别人的阴影之中，无法掌握自己的命运。

奥克斯集团董事长兼总裁郑坚江有一句“口头禅”：“头脑有没有啊？”它的意思是说“有没有理念”。

郑坚江在其成功史上，一向都是我行我素，有着一套自己的赚钱理念。在面对媒体以及同行之间的非议时，大有一副“稳坐钓鱼舟”的姿态。

2001 年，蛰伏 6 年的奥克斯正式向空调业各位大佬发起挑衅。凭借“质量是爹，免检是娘”这句很乡土的降价宣言，奥克斯 40 多款机型全面降价，最大降幅高达 30%。猛烈的降价手段使奥克斯的销量很快提升，成为当年最大的一匹黑马，但同行对此多为不屑。

2002 年 4 月，空调销售旺季来临之际，奥克斯再次搏出位。当着百余名媒体记者的面，奥克斯公布了一份《空调成本白皮书》，大曝行业“秘密”。其中，所列举的 1.5P 冷暖空调 1880 元零售价的几大组成部分被奥克斯一一细剖，从而揭露当时市面上许多品牌空调的零售价比“标准价”高出 1/3 左右。奥克斯提出，“冷、静、强、省”才是优质空调的“新标准”。

2003 年奥克斯召开“勇揭行业技术内幕”的新闻发布会时，故伎重演，但已经找不到成为黑马之后的新感觉。空调既不是高科技产品，而且业内人士还断言至少在5年之内，这个行业不会再出现革命性的技术突破。奥克斯的结论称，目前空调市场上包括"富氧技术""红外传感技术""温度传感技术"等在内的几大所谓"高科技"皆属"面纱"，其实质"只是一种牟取暴利的幌子，都是将附加功能进行包装放大，从而达到误导消费者让自己获取暴利的目的"。

2003年8月，奥克斯空调销量突破250万台，跻身行业前三强。

不管是"爹娘革命"也好，成本白皮书也罢，奥克斯空调似乎对价格战情有独钟。奥克斯的这种行业叛逆行为，立即遭到主流厂家美的、格力的痛斥，不过郑坚江都没有为其所动，仍然坚持大打价格战。

奥克斯爱打的牌仍是惟一的"价格战"牌。它每进入一个领域，都会凭借这一招迅速提升自己与主流厂商在品牌知名度上的差距，赢得足够眼球和同情分。奥克斯"揭内幕"在业界已不属新闻了，这几乎成了它的惯用手法且每试必爽。惯于作秀的奥克斯在揭内幕行动中也为自己赢得了超乎寻常的眼球与市场效应。

2004年10月12日，在第5次向信息产业部提出入网检测申请遭拒之后，国内最大的贴牌手机厂商奥克斯正式向北京市第一中级人民法院递交起诉状，起诉"信产部拒绝其进网许可及进网检测申请的行为违反了《行政许可法》"，要求判令信息产业部依法接受其申请。奥克斯通信事业部市场总监李小龙告诉媒介，奥克斯对打赢这场官司非常有信心，万一输掉也一定会继续提出上诉。

看来，奥克斯不仅会把做行业中"不受欢迎的人"的格调进行到底，而且不惜与官家撕破脸皮了。在郑坚江心中可能一直信奉这么一句话："走自己的路，让别人说去吧！"这谁又能说得准呢？

从案例中，我们不难发现，奥克斯集团董事长兼总裁郑坚江在经营过程很有"个性"，这种"个性"所创造出来的经营理念及手段，尽管损害了同行的利益并遭到了他们的质疑，然而却给他创造了无比辉煌的"战绩"。无论是从性格出发还是从商人的共性出发，郑坚江都采用了一个非同一般的高调做法——“走自己的路，让别人品头论足去吧！”

可以说，郑坚江实实在在地活在了自己的“世界”里——他不但赚到钱了，而且他还是快乐的。既然如此，那还要去管别人的议论做什么呢？

生活总是如此真实，它不容任何过分的遐想。确确实实存在的东西，不是靠美丽的遐想能撑起来的，所以活出自我才是人生之真谛。既然选择生存，就要活出自我的风采，而不是将生活的希望寄托在别人身上，毕竟“别人是别人，你是你”。只有活在自己的“世界”，才能紧握自己的命运。不要让别人那些“无意义”的评论，左右自己的人生。

面对人生，不要削足适履地生存

每个人都有属于自己的潜能特点，只有按照自己的潜能特点行事，才能发挥出潜能的作用。这就像每个人都需要穿适合自己尺码的鞋子一样。在我们的人生旅程之中，难免会遇到各种各样的不适应，在遇到这些情况的时候，我们没必要限制自己去委曲求全，而应该选择其中最适合自己的，充分体现自身的价值，这样，才会发挥自己的潜能。

凯特林和莫尔森是关系相当好的朋友，他们同在英国一个偏远的山村读书，后来又一起考到了柏林数一数二的名牌大学的物理系。

在读高中的时候，凯特林的成绩比莫尔森要好不少，但是等到上大学以后，他这种优势就渐渐看不到了。

4年的大学生涯转眼间就过去了，莫尔森由于天性乐观，善于交往，在学校有着不错的人际关系，毕业以后就在伦敦找了份不错的工作。而凯特林因为在研究生考试的前一天病倒了，研究生没考上，工作也被耽误了。随后他一路不顺，在伦敦面试了几家公司，都被淘汰了。最后，他回到老家的啤酒厂参加了工作。

刚开始工作，凯特林还非常不适应这里的工作环境，他感觉和这里的人格格不入。工作之余，他仍然有着继续从事研究的志向，并坚持继续学习。

时间总会让很多人淡忘自己最初的梦想。在一次次接到单位发放的还算可以的工资和奖金之后，凯特林有些满足了，他也渐渐适应了单位的工作和这个小镇上的生活，而且也学会了揩油，时不时觉得这工作中的甜头还是挺多的。后来，继续从事研究的想法慢慢就在心里淡漠了，他开始学着去享受这不愁吃穿、舒适惬意的生活。

一晃十多年过去了，他依旧在啤酒厂工作着，每天喝酒打牌，过着不咸不淡、没滋没味的生活，少年时的壮志也早已被无奈的生活磨灭。

甚至每年的同学聚会，他虽然接到了邀请，但总是找借口推托不去。虽然他没去，但总有人问及他的情况。莫尔森即使知道他的境况，也谎称不清楚。莫尔森想：当年名牌大学的毕业生，到如今却藏头藏尾，不敢见人，真叫人心寒。

对于人们来说，无时无刻都有可能处于一种不如意的状态，处于这种状态时，如果不想办法加以改变，而是削足适履地让自己去适应这种状态，结果只会越来越糟糕。面对工作和生活的压力时，我们应该努力去寻找一种最适合自己的方式。只有在适合自己的情况下，才有动力继续前进。就像一个拥有超强潜能的人，一旦他拥有了一种正向的推动自己前进的力量，就如同穿上了一双非常合适的鞋子，从而在工作中足底生风，劲头十足。相反，当他拥有了许多鞋子的时候便会无所适从，他不知道到底哪一双才是最适合自己的。鞋子的脚码很多，而每个人都只有一个脚码，为什么要让脚去适应鞋子而不选择让鞋子来适应脚呢？

有些人是幸运的，因为他们从一开始就挑到了那双适合自己的鞋子，然而对于大多数人来说，他们必须通过不断的挑选、反复的对比才能挑到那双适合自己的鞋子。但对于所有人而言，现在的鞋子是否适合自己，没人比自己更清楚。就像是一个单位是否如你所愿，能否让你施展自己的才华，也只有你自己才知道一样。

面对人生，如果你现在的这双鞋子并不怎么适合你的脚，你就没有什么理由让自己继续凑合下去。有些事情只有在不断的坚持之后才能够取得成功。与此同时，该放弃的时候要学会放弃。尤其重要的是，只有适合自己的鞋才能走出适合自己的路，也才能发挥自己的潜能，成就自己不平凡的人生。

做有想法的人，你才会创造奇迹

在很多时候富有的想法都包围着我们，只要我们细心观察、认真分析商界的一些规律并且能够理智思考，就不难发现我们的一些想法很具特点，实现了的话必定会有一番作为。

比亚迪实业的总裁王传福的创业思路是：通过电池生产领域的核心技术优势，打造中国乃至世界电动汽车第一品牌。

王传福是中国的一个传奇人物。

王传福1987年大学毕业，获得物理化学学士学位；1990年，王传福从北京有色金属研究院硕士毕业，并留在该院301室工作，按部就班地历任副主任、主任、高级工程师、副教授。

一个促使他从专家向企业家转变的机遇从天而降。1993年，研究院在深圳成立比格电池有限公司。由于和王传福的研究领域密切相关，王传福顺理成章地成为公司总经理。

王传福发现，作为自己研究领域之一的电池行业里，要花2万～3万元才能买到一部大哥大电池，而国内电池产业随着移动电话的“井喷”方兴未艾。

于是，他做出了一个大胆的决定——脱离比格电池有限公司单干，王传福毅然在深圳注册了比亚迪实业。

当时日本充电电池一统天下，王传福依靠自身技术研究优势，从一开始就把目光投向技术含量最高、利润最丰厚的充电电池核心部件——电芯的生产。1996年，比亚迪公司取代三洋成为台湾无绳电话制造商霸主的电池供应商。1997年，比亚迪公司镍镉电池销售量达到1.5亿块，排名上升到世界第四位，并从1997年开始大批量生产镍氢电池。1999年至2000年，比亚迪公司大客户名单上出现了松下、索尼、CE、AT&T和业界老大TTI等。

2000年，王传福投入大量资金开始了锂电池的研发，很快拥有了自己的核心技术，并成为摩托罗拉的第一个中国锂电池供应商。2001年，比亚迪公司锂电池市场份额上升到世界第四位，而镍镉和镍氢电池分别上升到了第二位和第三位，实现了13.65亿元的销售额，纯利润高达2. 56亿元。目前，比亚迪已成为电池领域全球著名品牌，以近15%的全球市场占有率成为中国最大的手机电池生产企业，在国际市场上与日本三洋一决雌雄。在镍镉电池领域，比亚迪全球排名第一，镍氢电池排名第二，锂电池排名第三。

2003年1月23日，比亚迪宣布以2.7亿元的价格收购西安秦川汽车有限责任公司77%的股份。比亚迪成为继吉利之后国内第二家民营轿车生产企业。2003年8月，比亚迪与西安高新技术产业开发区、陕西省投资集团签订合资组建比亚迪电动汽车生产线合同，项目投资达20亿元人民币。

2004年1月，深圳市有200辆比亚迪制造的锂离子纯电动汽车投入出租运营，成为全国第一家电动车示范区，真正实现尾气零排放。到2006年，比亚迪电动车正式开始商业运营。

2005年4月16日，比亚迪一直藏在闺中的新车F3走下生产线。这是王传福领导的比亚迪入主秦川汽车之后，比亚迪第一款真正意义的新车。据悉，比亚迪汽车公司研发部门正倾力设计规划 1.3 排量到 3.0 排量的八大系列的轿车开发计划。

那么，为什么王传福会从自己最擅长的电池业，逐步向汽车制造业进军呢？王传富是很有想法的。

王传福认为：汽车进入家庭在中国可能才开始，或者说还没有开始，中国的家庭有 5 亿多户，轿车现在的拥有量才 1500 万辆，家庭拥有量不到 3%，按照人口来说才不到百分之一点几，大约 1.3%吧，这个占有量太低了，就像 1994 年的中国手机一样，1994 年的中国手机占有率也就是 1%到 3%这个水平，而今天的手机在中国的拥有量已经是半壁江山了，王传福觉得汽车比手机更像是中国人的产业，因为手机的很多芯片中国人现在还没有整明白，汽车不一样，汽车的零部件很多，一部汽车大概有 3000 多个零部件，但复杂的真是不多只是量大。而手机零部件也就 200 多个，但有些零部件目前中国还是做不出来。我们中国人做手机都做得那么成功，做汽车更不在话下了。“我下半辈子就干汽车了。”王传福坚定地说。

同时，王传福还是一个很有头脑的企业家。他不但抓住了从技术人员向企业家转变的机会，还详细地分析了市场行情开办了自己的公司，并通过运作将其运作成了一个能够与世界顶端公司相媲美的电池领域的大公司。

由王传福的案例中我们不难看出，有自己的想法对于一个人的成功来说是非常重要的，尽管那些喜欢“跟风”的人也有不少能够赚到钱的，但毕竟他们没有自己的想法，是“富”不长远的。

聪慧的头脑和灵活的想法对于一个人的成功是相当关键的。研究任何一位正当发家的企业家都不难发现，他们先富起来的不是手头，而是头脑（富有的想法）。

也许大多数人都认为：富有的想法并非人人都能够随便拥有，若不然世界上的每个人现在都已经成了富人了。其实并非如此，我们每个人都不缺乏富有的想法，只是不懂得如何去找寻，如何去运用罢了。

不过，任何想法都要去付诸实践才能成为现实，因此我们在做“有想法的人”的同时，更要做一个敢于实践的人，才更有利于我们成就一番事业。

创新需要敢于“离经叛道”

艺术大师毕加索曾说过：“创造之前必须先破坏。”

破坏什么？破坏传统观念和传统规则！

创新作为一种最灵动的精神活动，最忌讳的就是呆板和教条，任何形式的清规戒律，都会束缚其手脚，使其无法大展所长。只有敢于挑战传统、打破常规之人，才能真正有所作为，才能敞开胸怀拥抱成功。

1979 年，李·艾科卡到克莱斯勒汽车公司任总裁时，所接手的是一个债台高筑的烂摊子。艾科卡在权衡利弊之后，向政府提出了求助，希望得到美国政府的担保，以便从银行获得 10 亿美元的贷款，用于克莱斯勒公司发展新型轿车。

这一消息传出后，在美国各界引起了轩然大波，惹得一片斥责之声。原来，在美国企业界有一条不成文的规矩，认为依靠外部力量，尤其是依靠政府的帮助来发展自己的企业，是不合乎自由竞争原则的。

面对企业界、舆论界、美国政府和国会的各种斥责、反对声，艾科卡不急不躁，反而通过“分兵合进、各个击破”的战术，扫除了重重障碍，争取到社会各界的同情与支持，顺利地贷到了 10 亿美元。

克莱斯勒公司利用这笔贷款，一举开发出了几种新轿车，从此走向新的辉煌。艾科卡也因此一举成名，成为受美国人敬佩、受世人瞩目的优秀企业家。

艾科卡无疑是一个极富创造力的人，面对困境，他在现有经验行不通时，没有一味地遵从传统规矩，反而果断地转换思维方向，另辟蹊径，向传统挑战，向规则发难，并最终利用自己的创新思路迎来了鲜花与掌声！

试想，如果他当初只是默默地遵循那条不成文的规矩，或从自身的经验出发选择了大众之路，而不是走上那条“离经叛道”的道路，那么，克莱斯勒公司可能早就走向破产了！

当然，这并不是在否定经验与规则，只是在强调“离经叛道”对于创新思维和创新意识的形成有着多么重要的作用，如果我们不能摈弃权威、不能挑战常规，那么，就会让自己陷在思维定势的怪圈里走不出来，更别谈创新能力的培养了。

众所周知，随着时代的发展，尤其是网络的普及，在如今瞬息万变的现代社会中，传统和经验的意义已经远远没有过去那么重要了，时代更加突出了创新的意义，创新重于经验！

毫无疑问，青少年是最具有创新精神的群体，是保守思想最少的群体，是最勇于开拓进取的群体，是最勇于打破常规的群体，是创新思维最为活跃、精力最充沛、最好动脑筋、创造欲最旺盛的群体。

李大钊曾说：“青年之字典，无‘困难’之字；青年之口头，无‘障碍’之语。”青少年，一言以蔽之——“敢为天下先”！所以，这是一个属于我们青少年的时代，而我们要占领这个时代的首要条件，就是用“离经叛道”去打破所有过于迷信的经验、传统、权威和规则！

法国巴黎的一家影院正在放映一部叫《拆墙》的电影短片。由于放映员的粗心大意，使片中所表现的“一堵危墙被推倒在地”的情形在银幕上出现了相反的图像：一堵被推倒的墙，又从残垣断壁中重新竖立了起来。

这一镜头立刻引起了观众的哄堂大笑和口哨声，粗心的放映员赶忙羞红着脸关掉了电影放映机……

但是，年轻的摄影师普罗米奥却从这个在众人看来是极大错误的事件中领悟到：这种现象能不能成为一种新的拍摄技术呢？也许运用这种超常规的突破，反而能给观众带来一种全新的视觉效果！

后来，在一部叫《迪安娜在米兰的沐浴》的电影中，他有意识地运用了这种拍摄方法，观众在银幕上看到，跳水女郎的一双脚先从水里冒出来，然后倒着翻转180度，最后又轻轻松松地落到了高高的跳板上。

这种新奇的倒摄手法，立刻引来了全场观众的热烈掌声。从此以后，倒摄成了电影拍摄中的一种被普遍采用的新技术。

创新之路犹如春草，是置之死地而后生的产物，会带来阵痛，也会有牺牲。但是，只要我们学会冷静地思考，用“天下之事，因循则无一事可为，奋然为之，亦未必难”来启迪自己，用“智者不袭常”来引导自己，那么，我们所看到的就会是另一番景象。

对于青少年而言，因为大多数人还处在学习阶段，所以，很多人还没有形成真正的创造性思维，还停留在迷信书本、迷信老师、迷信权威、迷信传统、迷信规则的思考方式上，往往是老师讲什么，就被动地听什么、记什么，或者在解决问题时只会运用一般的、通常的方法来分析思考。

这无疑是最严重的思想禁锢，不但不利于创新能力的培养，更无法形成敢于质疑老师、质疑书本、质疑规则的创新意识，会很容易使人形成盲从和跟随，缺乏独立思考的意识。

我们必须清楚，当面对学习和生活中一些比较简单的问题时，传统与规则确实能起到提高工作效率的作用，但是，在一些较为复杂的问题上，传统与规则不但不能使问题得到圆满解决，而且还很容易让我们自设陷阱、自设障碍，从而误入死胡同，迷迷糊糊转不过弯来，以至常常做出一些糊涂事来。

而真正智慧的人则完全不会被传统与规则束缚住手脚，他们一方面用惯性的思维方式去处理一些小的简单的问题，另一方面还能随时、主动地突破传统、挑战规则，为创新思维创造一个可以自由伸展的空间。

英国诗人布莱克说："独辟蹊径才能创造出伟大的业绩，在街道上挤来挤去不会有所作为。"这句话对于每个有志于培养创新能力的青少年来说，当属金玉良言。

当传统与规则已经不适应变化了的新情况时，就应该学会解放思想，不拘泥于常识及常规，善于变化，另辟蹊径。只有这样，才可能化缺点为优点，化弊端为有利，化腐朽为神奇，在似乎绝望的困境中寻找到希望，创造出新的生机，取得出人意料的成功。

尤其是在学习上，我们更应该具有自己独特的见解，按自己的方法去努力学习，不拘泥于书本与权威，凡事有自己的想法，并坚持自己的方向，最终必然获得成功的果实！

创新本来就是一个承受风险、面临失败，甚至是背水一战的过程；创新也从来就没有现成的路可走，虽然可以借鉴别人的经验，但关键还是要有自己的招法。我们如果不能通过创新杀出一条崭新的路，其结局往往只会是无声无息地让位于强者。

要想使自己更加聪慧灵动，更富创新精神，就必须善于"离经叛道"，摆脱常规的束缚，并努力消除它对自己所造成的消极影响。当你如此"孤注一掷"时，失败往往就会悄悄地离你而去，而成功则会翩然而至！

记住，墨守成规、循规蹈矩，就意味着智慧之泉的枯竭和创造力的苍老；而"离经叛道"、突破传统，则标志着异军突起和独领风骚！

坚持自我，敢于怀疑

工作中，往往越是简单的问题越容易让人掉以轻心，并由这种粗心大意导致出错。因急于求成，人总是从经验定式和主观愿望出发，习惯于按常规思维办事。殊不知，这样会在无形中给自己挖了一个坑，说不定那天就会让自己掉进去。

小泽征尔是世界著名的音乐指挥家。在他尚未成名时，曾去欧洲参加音乐指挥家大赛。决赛时，他被安排在最后一位出场。小泽征尔拿到评委交给他的乐谱之后，稍做准备，便开始全神贯注地指挥起来。

忽然，他发现乐曲中有一处不和谐的地方。起初他以为是演奏错了，就让乐队停下来重新演奏，但仍觉得不和谐。于是，小泽征尔认为是乐谱有问题。可在场的作曲家和评委会的权威们一再郑重声明，乐谱是经过评委会多次筛选而来，不可能有问题，根本就是他的错觉。

面对几百名国际音乐界的权威人士，小泽征尔也对自己的判断产生了犹豫，但他经过再三考虑，坚信自己的判断是正确的。于是，他满怀信心而又不失礼貌地说：乐谱肯定错了。他的声音刚落，评委席上的评委们立即站起来，向他报以热烈的掌声，祝贺他大赛夺魁。

原来这是评委们精心设计的一个“圈套”，以试探指挥家们在发现错误而权威人士又不承认的情况下，是否能够坚持自己的正确判断。因为只有具备这种素质的人，才真正称得上是世界一流的音乐指挥家。小泽征尔正是凭着自己的自信心，获得了那次世界音乐指挥家大赛的桂冠。

生活中人们无论从事何种工作，时间长了，就会形成一套具有自己独特风格的经验和习惯。这其中有些经验和习惯的确能让人少走一些弯路，但从培育创新思维上讲，这种思维定式又并非能够到处套用。在处理和解决新情况新问题上，经验思维和思维定式就有很大的局限性，有时甚至会成为创新思维的绊脚石，从而阻碍人们向更高、更深、更宽广的未知领域开拓，束缚住人们梦想和想象的翅膀。

罗素去讲学，听讲的大多是研究部门的学者。这位大名鼎鼎的哲学家登上讲台，首先在黑板上写下了一个问题：2 + 2 =？接着，开始征求听众的答案。

会场上变得异常寂静，每个人心里都在暗暗琢磨：黑板上写的不可能是一道简单的算术题，大哲学家可能发现了鲜为人知的哲学新观点。

尽管罗素一再强调希望有人将答案告诉他，但是听众中却没有一个人敢贸然作答。当罗素请台前一位先生谈谈自己的答案时，这位先生竟面红耳赤，吞吞吐吐地说自己还没有考虑好。

罗素见状，笑着说："二加二就等于四嘛！"

诸位学者这才恍然大悟。罗素的这一轶闻饶有趣味，这位崇尚创新的大哲学家并不是故弄玄虚，而是幽默地告诉人们这样一个道理：过于崇拜权威会使人陷于迷信，会束缚人的思想，扼杀人的智慧。在权威面前连简单的事实也不敢承认，难道还敢质疑权威，开拓创新吗？

我们可以看出：要想以创新思维在未来竞争中取胜，就要善于突破经验思维的误导，突破思维定式的束缚，转变对寻常事物的固有看法，遇事不轻易凭经验下结论做决定，学会清醒地全盘看待问题。这样，才能做到总观全局、稳操胜券。

质疑，是人类创新的出发点，创新常常从"问号"起步。一个个不平凡的问号，为人们画出一条条创新成功的起跑线。因此，质疑思维中孕育着创新和突破。

马克思喜欢以“怀疑一切”作为座右铭。正是在这种批判的审视、探索中，他完成了光芒四射的两大发现：剩余价值学说和唯物史观。哥白尼推翻托勒密的地球中心说创立了太阳中心说，牛顿推翻亚里士多德的力学理论创立了牛顿力学理论，爱因斯坦突破牛顿的经典力学创立相对论，达尔文推翻了物种不变论创立进化论。

所以，创新需要有质疑权威的勇气与智慧。在科技创新世界里，质疑权威而导致重大科学发现的例子举不胜举。

许多经验一再告诉我们：敢于质疑权威的某些观点或理论，实乃创新者的一种可贵品质。那些陷入权威的观点和理论的人们，其实就是在工作或科学研究的道路上自己给自己出难题，因为权威的观点或理论束缚住他们的思想，从而让他们与成功擦肩而过。

第六章

只要敢于去挑战，你的人生才会不平凡

当你遇到失败的时候需要的正是挑战，挑战失败，不要向失败低头，要有恒心有毅力。否则，你的生活将失去意义，变得毫无价值。面对困难，敢于提出挑战，相信自己的实力，这是人类最可贵的精神，具有这种精神的人往往能取得惊人的成绩，能有出乎意料的突破，获得不可想象的胜利。

不要总想着“混口饭吃”就行

生活中，有些人总是“浑浑噩噩”地过着日子，不知道自己该做什么，也不知道自己能做什么，于是就放弃了努力，让时间牵引自己生活的方向，不用去想，也不用考虑未来生活的样子。以“混口饭吃”的态度对待生活，自然也就不用奢望生活能给他们带来什么丰厚的回报。他们是没有上进心的人，暂且不说这样的人能否为家庭获取更多的生活保障，单纯从情感上来讲，和这样的人一起生活，也会令人感到乏味。

美好的生活需要不断地奋斗，尽管过程会很艰难，但至少可以让生活充满期待。只想着“混口饭吃”的人，从不会树立更高的目标，没有目标的牵引，也就没有追逐，更没有过程中的满足与收获的幸福。他们的性格会影响整个生活的氛围，家庭之中，对现在与未来的看法，也许会同样呈现灰暗的色彩。

激情可以燃烧一个人的生命，它可以迸发出最为绚烂的光彩，也能书写出最为美好的回忆。你如果希望自己的生命拥有更多的力量，就要找到属于自己的事业寄托，展现出最为蓬勃的激情，创造出最为璀璨的成就。

弗兰克·贝特是世界最杰出的销售大师之一，他的童年充满磨难。在他小时候，他的父亲就去世了，为减轻母亲的负担，他没念完中学就辍学了。

18 岁时，他成了一名职业棒球手，刚进入职业棒球界，贝特遭到了有生以来最大的一次打击——他被开除了，原因是他打球无精打采。他的老板这样对他说：“弗兰克，离开后，无论去哪，都要振作，不论生活经历什么，工作中都要有生气和热情。”这对弗兰克是一个重要的忠告，虽然代价惨重，但不算太迟。当弗兰克·贝特进入纽黑文队后，他决心要做一个有激情的球员。

从此，弗兰克·贝特在球场上就像一名充足了电力的勇士，掷球快速有力，几乎要震落接球同伴的手套。为了赢得至关重要的一分，弗兰克·贝特会在球场上竭尽全力奔跑。比赛结束后，第二天的报纸上这样刊登关于贝特的消息："这个新手充满激情，并感染了我们的小伙子们，他们不但赢得了比赛，而且看来情绪比任何时候都要好！"报纸还给他起了个绰号，叫"锐气"，称弗兰克·贝特成了队里的"灵魂"，他的月薪也从25美元涨到185美元。

退出职业棒球队后，弗兰克·贝特尝试做保险推销。经过10个月令人沮丧的推销之后，弗兰克·贝特被卡耐基一语惊破。卡耐基这样对他说："贝特，你毫无生气的语言又怎么能使大家对你感兴趣呢？"

贝特恍然大悟，决定用自己在纽黑文队打球的激情投入到工作中来。又是一次转变，弗兰克·贝特真正将激情融入到推销中，最终成为闻名世界的销售大师。

无精打采的生活只会让自己虚度时光，现实是一面镜子，状态的不积极会影响到自己生活的内容，使工作不能有效开展，甚至最终失去工作的机会。弗兰克·贝特的经历就很好地说明了这一点：当自己不能有效投入到工作之中时，工作的效果就会大打折扣。庆幸的是，他及时地认识到了这点。在现实中，这样的情形对于我们的工作有良好的借鉴作用。

充满激情地工作、迸发出更多的活力、发挥出更多的潜能，往往会收获事业的成功，也能发现自己的价值。充满激情的工作经历对于个人来说也是收获良好成果的基础，当你以全部的精力投入工作之后，生活也会回报你最为丰厚的奖励。

每个人都应该比较积极的和消极的这两种工作状态，并比较两种状态所产生的结果，最终慎重选择自己的态度。"积极地面对"是一种态度，"浑浑噩噩"也是一种态度，你可以自由选择。但最后，等待你的结果，永远只有一个。

从一个人对待工作的态度，可以看到他未来生活的大致模样。积极的态度可以换回最好的结果，过程也许艰辛，也许充满挑战，但却充实又有意义；用消极的态度工作，过程也许“舒适”，但却会呈现生活的空洞，无所依靠、无所寄托。

张琪出生在农村，从小就有不服输的精神，学习非常刻苦，终于考上了北京一所名牌大学。毕业后，张琪进入了一家大企业工作，但是职位非常低。

一年过去了，张琪虽然表现出色，但业务水平并没有多大起色，薪水原地踏步。张琪发现公司在某些方面存在问题，正是这些问题影响了公司的发展，他很想给上司提出建议，但限于环境影响，朋友大多劝说他不要做出头鸟，于是张琪最终放弃了这个想法。

在接下来的日子里，张琪依旧努力工作，倒也顺利。但过了不久，他发现和自己一起进公司的一位同事突然被破格提拔，他感到奇怪，后来才明白，原来那位同事向领导提出公司的问题和改进建议，而内容和自己所想的一模一样。本该属于自己的机会却拱手让给了别人，张琪感到非常后悔。

没有一项伟大的事业是只想给“混口饭吃”的人或者“得过且过”的人准备的。在工作上有所作为的人，都是对待工作一心一意、意志坚定、不畏艰苦、充满热忱的激情。

想创作一幅名作的画家，如果他拿笔都心不在焉，画画时有气无力、东涂西抹，那么他的画怎么能够经久传世？想写一首名垂千古的好诗的诗人，需要他对生活有无限的热爱和情感的累积。一位哲人说，想把问题思考到最完美的境地，就非得有深邃的目光和充分的热诚。

对于普通人来说，要想取得令人骄傲的成绩，就必须学习并拥有积极的态度，这样才可以为自己的生活带来更多的收获与满足。因此，不要只想着“混口饭吃”就行，转变自己消极的观念，让自己变得积极向上起来，才能创造出精彩的人生。

勇于突破，要敢为天下先

自古以来，人们的思想就被人为地禁锢起来。出于对天、地、自然的敬畏，人们制定出了种种禁忌，以此来保证氏族成员的人身安全。这些氏族成员不断地被告诫，如果有成员违反了其中的禁忌，那么必然会给整个部落带来灾难。如此，这些禁忌成为了氏族成员的行为准则，他们绝不敢越雷池一步。历史的传统就这样形成，并承传下来。无论哪个时代，我们都会发现符合其时代特征的禁忌。也正因为如此，我们也就可以推断出，禁忌是在不断地打破和建立中循环往复的。然而，不幸的是，历史遗传给人类的，更多的是对于禁忌与传统的循规蹈矩。尊重传统、恪守规矩成为学校教育的一个重要方面。在这样的教育思想下，我们以培养谨慎的态度而牺牲掉了好奇的探索心理，以培养自我保护能力而牺牲掉了冒险精神。

通过学校教育，大部分人变得中规中矩。这些人在学校里掌握了生存的技能，了解了社会的道德与规范，但是却没有领会到历史是在不断地怀疑、不断地破旧立新中前进的。他们对未来没有清楚的认识，并错误地认为未知的事物与其说是神秘的、充满吸引力的，不如说是危险的、可怕的。因此，他们认为生活的目标就是应付既定的事实，只有傻瓜才会去冒险探索未知的领域。他们因对未知的事物毫无把握而心生恐惧，因此，当他们尝试去冒险时，往往会不知所措，进而以失败告终。“我必须做好充分的准备”，这句话成为了他们逃避未知的借口。要知道，既然是未知的世界，我们又怎么做好准备呢？或许，我们能做好准备的，只能是让自己具备“敢为天下先”的冒险精神。

幸运的是，历史仍在前进。也就是说，历史中不乏“敢为天下先”的勇士。这样的英雄人物如同星辰，点缀了历史的天空。哥白尼、伽利略不畏权威，打破了统治科学界上千年的“地心说”，使人们对宇宙的运行有了正确的认识；路德、加尔文不惧宗教势力的迫害，掀起宗教改革运动，将上帝从高高在上的天国拉到了人们的餐桌旁；爱因斯坦不顾人们的讥笑与怀疑，最终提出了著名的广义相对论，使人们对空间与时间有了更加深入的了解……看看那些伟大的人物吧，正是他们勇于破旧立新，世界的文明才会如此发达，人类的文化才会如此繁荣。这些伟大的人物怀着对未知世界的无限好奇，抱着对自己能力的无限信心，终于为人类发现了另一片广阔的、缤彩纷呈的世界。

如果你充分相信自己，那么，你就完全可以做出“敢为天下先”的壮举。一旦你决定涉足你曾经惧怕过的未知领域，那么，你就会有足够的勇气去经历人类所能经历的一切事情。历史上的伟大人物正是如此。他们正是那些不避风险、勇于探索新的领域的先驱，都是敢为天下先的人物。不要说他们天资聪颖，不要说他们智慧超群，他们和你我一样，都是大千世界中的一粒沙子。但是，他们却用他们的冒险精神，涉足了你我不敢涉足的未知领域，从而拉开了与你我之间的距离。因此，我们完全可以用一种新的眼光来考量自己，我们也完全可以去尝试曾经会令自己担忧的未知领域，只要我们具备“敢为天下先”的精神。

是时候挣断缠绕在你手脚之上的桎梏了，“敢为天下先”意味着你必须去改变目前死气沉沉的状况，去寻找一丝清新的氧气。安于现状永远是你取得成就的障碍。或许你还在犹豫不决，因为毕竟要进入到一个自己陌生的领域。其实，这对你来说并没有丝毫的损失。与其安于现状、死气沉沉，何不接受挑战、开拓创新。新事物不会让你受到什么伤害，反而会激起你的斗志，扫除你萎靡不振、百无聊赖的颓废心境。

或许你对于未知的、充满神秘的事物仍然心存畏惧，那么，就试一试下面的方法去克服忧惧的心理吧。

1. 去尝试一些新的事物。这些事物是你从未经历过的，但是也不可能对你的生活造成多大的负面影响。去尝试一下新鲜的事物吧，虽然它们不会使你取得什么伟大的成就，但是却能够使你品尝到不断尝试新鲜事物的乐趣，从而提高你对探索未知事物的兴趣。

2. 结交一些自己生活圈子之外的朋友。这些不同于以往的朋友会为你带来不同的生活体验，使你对更多的未知产生兴趣。

3. 试着去进行一些简单的冒险。简单的冒险会给你的生活带来调剂，使你乐于培养出自己的探索精神。比如，做一次郊外的远足。这不会让你感觉困难，但是却会让你有惊喜的发现。

4. 接受新的观念。新的观念会让你对这个世界有一种全新的认识。

忧惧让你裹步不前，使你暮气沉沉。努力打造“敢为天下先”的精神吧，唯有如此，你才能够活得更加精彩；唯有如此，你才能够获得出乎意料的人生财富；唯有如此，你才有可能成为历史天空中一颗耀眼的明星。

敢冒险，才能抓住成功的机会

机会，往往是未来在人们面前的一次提前预演。有些人看到了未来的繁华景象，有些人看到了未来的狰狞面貌。对于未来的恐惧阻碍着人们对于机会的认知与把握，面对着无法预测的未来，人们更愿意安稳地守护自己目前的财富。然而，机会就像是海市蜃楼，它不会坐等你对它的赏识。如果你畏首畏尾，不敢冒险，那么它展现在你眼前的图景再美，也只能是一座虚幻的海市蜃楼。日本大都不动产公司创始人渡边正雄正是通过不断地冒险，将心中的海市蜃楼变为了真实的商业帝国。

在最初的经商过程中，渡边正雄就发现了不动产业是一个十分有前途的行业。这个产业还处于幼年时期，竞争者较少，因此，他十分想去经营这个尚处于襁褓中的产业。但是，他一没有资金，二没有经验，根本不可能马上实现自己的愿望。于是，他找到了大藏不动产公司，希望可以在那里得到一份工作，以便为自己今后的事业打下基础。但是大藏不动产公司并没有接纳他。

为了从事不动产的工作，渡边正雄做出了第一个冒险行动：他请求大藏不动产公司能提供给他一个为期一年的工作。渡边正雄承诺，在这一年期间，他不要任何薪水。就这样，渡边正雄开始了自己的不动产事业。在这一年间，他拼命工作，掌握了关于不动产方面的大量信息和相关的工作经验。

正当大藏不动产公司打算高薪聘请他的时候，渡边正雄又做出了第二个冒险行动：他拒绝了公司的邀请，并千方百计筹集到了一笔资金，开始了自己的不动产经营事业。

创业之初，资金匮乏，渡边正雄不得不节省每一份钱才能使公司正常运转。但是，当有人向他推荐一块别人都愿意要的土地时，他却做出了自己的第三个冒险举动：买下了那块土地。这是一块有着几百万平方米，价格便宜的土地。虽然紧邻天皇的御用土地，但是当时那里人迹罕至，十分荒凉，更不用说什么公共设施了。

同行对于渡边正雄的举动都嗤之以鼻，但是，渡边正雄却认为这是一个很好的机会。

随着经济的发展，对于住房的认识，人们也渐渐有了不同于以往的观念。城市的聒噪和污染使人们开始向往田园的生活。于是，渡边正雄开始利用人们的心理大力宣传自己的这块土地。经过一年的时间，渡边正雄就把这块几百万平方米的土地卖掉了八成，成功赚到了50亿日元。

之后，他利用赚来的钱投资道路、公共设施，并在剩下的土地上盖上别墅。经过三年时间，渡边正雄便将自己的这块土地变成了一座充满魅力的小镇。渡边正雄也通过这块土地，使自己的资产达到了数百亿日元。

渡边正雄这样评价自己的成功："我之所以能够取得成功，是因为我敢于冒险。"

是呀，财富总是偏爱那些勇敢者。很多人在抱怨没有机会来展示自己，没有机会来赚取人生的第一桶金。其实，机会并不是没有来临，而是当机会敲门的时候，你却害怕外面敲门的是一只怪物，将它拒之门外了。我们喜欢走别人的老路，认为别人取得成功的道路，才是我们应该把握住的机会。这种安乐的想法，使我们误会了机会。因为每个人都认为是机会的机会，往往并不是真正的机会。机会从来不会一览无余地暴露在众人面前，它只会羞羞答答地出现在少数人身边。

因此，只有敢于冒险，才能抓住真正的机会。正如渡边正雄所说："我总是倾向于选择那些别人认为无利可图的项目，因为只有别人还没有识别出的机会才称得上是黄金机会。虽然这样做会冒一定的风险，但是不冒险就不能取得巨大的成功，只要有一半的成功几率，就值得我们为之冒险。"

培养敢于冒险的勇气

在《留侯论》中，北宋大文学家苏轼阐述了自己对勇敢的理解。文章的内容是这样的：

古人所谓豪杰之士者，必有过人之节。人情有所不能忍者，匹夫见辱，拔剑而起，挺身而斗，此不足为勇也。天下有大勇者，卒然临之而不惊。无故加之而不怒；此其所挟持者甚大，而其志甚远也。

译文为：

古时候人们所说的可以称得上豪杰的人，一定具有过人的节操。按人们通常的感情来说，当一个人无法忍受自己的遭遇时，比如一般人受到侮辱，他一定会拔剑而起，挺身上前搏斗，这并不能称为勇敢。天下有一种真正勇敢的人，遇到突发的情形他们毫不惊慌，受到无缘无故的侵犯也毫不动怒。之所以如此，是因为他们胸怀大志、目标高远啊。

是啊，一个真正勇敢的人，善于根据自己的目标来控制自己的情绪，利用自己的智慧。勇气，与其说是一种人们突然间爆发出的前进动力，不如说是一种中庸的心态。两千多年前，亚里士多德就将勇气看成一种中庸之道，认为它是介于鲁莽轻率和怯懦不前之间的一种心态。亚里士多德曾说，所谓的勇气就是在恰当的时间，以恰当的方式控制自己的恐惧心理。马克·吐温也曾写到，勇气不仅仅是无所畏惧，还表现在能控制恐惧感。不仅如此，对于勇气，亚里士多德进一步认为，与培养其他美德一样，勇气也是需要培养的。

那么，如何培养我们的勇气呢？要想获得勇气，就要使勇气成为我们的一种习惯。只有如此，我们在这一习惯的支配下，才能随时展现出这种优秀的品质。

根据习惯养成的规律，当我们不断地重复去做同一件事时，我们就能够使自己养成一种新的习惯。也就是说，当我们使自己一直处于恐惧中时，我们就在培养自己胆小懦弱的习惯；而当我们使自己处于不断克服恐惧的状态中时，我们就可以逐步培养起自己坚强勇敢的习惯。由此可见，若想培养我们的勇气，必须首先了解我们的恐惧。

有些人害怕失败。这种恐惧往往是一个人从小培养起来的。当我们还是孩子的时候，父母会有意无意地对我们说，“你太小”“你不行”“这个你还没有能力做到”。在这样负面思想的影响下，孩子很容易产生自卑的心理，从而开始害怕任何挑战。这种习惯性的心理如果没有及时发现，并被制止，那么这种害怕失败的恐惧将跟随孩子的一生。

有些人害怕遭到拒绝。这种恐惧也是扎根于孩童时的经历。孩童时代，我们亟需父母的关爱。可是，这种关爱并不是没有条件的，它需要我们做出符合父母要求的行为，否则我们很容易遭到父母的训斥，并遭到拒绝。正如弗洛伊德所说，孩童在成长的过程中，不断遭到来自强势父母的阉割，这种阉割造成的恐惧是深入骨髓的。在成年时，这些人虽然获得了人格上的独立，但是，这种对于阉割、对于拒绝的恐惧已经深藏在自己的潜意识之中，悄无声息地对人的行为产生有效的影响。

有些人害怕批评。如果我们生活在一个充满否定与批评的环境中，那么我们会很自然地注意到他人对自己的态度。对于他人的看法，我们会变得格外敏感。与此同时，我们会寻求他人的赞许，无论这个人来自何处，是何种身份。如果一个人在幼年时期遭受太多的批评，那么在成年后，他根本无法独立地做出自己的决定。他害怕遭到周围人的否定，因此，当他想要做出决定时，他便会因为害怕他人的批评，而放弃了自己的态度。

人类的恐惧多种多样。有人害怕孤独，有人害怕贫穷，有人害怕爱情，有人害怕蟑螂……恐惧时刻环绕在我们的周围。因此，我们必须习惯于在困境中无所畏惧。只有这样，恐惧才会消弱，勇气才能倍增。

正如苏轼所说，一个真正的勇者，必须是胸怀大志、目标高远的。只有在远大目标的激励下，一个人才能不断克服路途中的艰难困苦，最终百炼成钢。因此，当我们想要培养自己的勇气时，不妨也为自己定出一个远大的目标。在此基础上，预见到实现目标过程中可能出现的最坏结果，并确定当这个最坏结果出现时，自己会勇敢地去承担最坏的后果。当我们有了勇敢的决心，我们便不会再担心成功路上的危险了。然后，我们就要发动自己全部的能量去达成最终的目标。在这个过程中，要努力做好每一件事情，以确保最坏的结果不会发生。

实践的过程，就是我们培养勇气的过程。唯有在实践中，我们才可以检验出自己的勇气到底如何，也唯有在实践中，我们才可以发现自己的恐惧，并加以针对性的克服。

勇敢地接受挑战，你比预想的要强

挑战，不仅意味着对一个人勇气的考验，还意味着对一个人能力的考验。对一个人来说，挑战的事情往往会超出自己的能力范围。当他试着接受一个挑战的时候，他得到的不仅仅是获得成功后的喜悦，还有在获得成功的过程中对自己能力的培养和提高。

查尔斯·施瓦伯是钢铁大王卡内基手下的得力干将。一天，一位工厂的经理来到他的办公室，向他抱怨自己的工人工作效率低下，无法按时完成生产任务。这位经理向施瓦伯说道："我曾经以奖金诱惑他们，以言语激励他们，甚至用开除这样的惩罚来威吓他们，但是不论怎样威逼利诱，他们就是无法按时完成生产任务。"

施瓦伯听完经理的抱怨后，直接去了工人的生产车间。他向其中一位工人问道："今天，你们这个小组生产了多少产品？""6台。"工人回答道。施瓦伯听到后，就在地板上写了一个醒目的"6"字，然而头也不回地走了。

当上夜班的小组来到车间时，他们看了地板上的"6"字，便向下班的同事询问是怎么回事。一位同事对他们说："老板今天过来视察，问我们生产了多少产品，我们告诉他6台，然后他就在地板上写了个'6'字。"

夜班小组知道了事情的原委，在他们第二天早晨下班时，地板上的数字变成了"7"。

之后，上白班的同事发现了数字的变化，就更加起劲地做了起来。到晚上下班的时候，地板上的数字就变成了"10"。

就这样，这个车间的生产效率大大地提升了上来。当经理向施瓦伯询问他到底用了什么方法做到这样时，施瓦伯笑着说："如果想要任务圆满完成，就要在工人中间激起他们相互挑战的欲望。如果激起了他们超越对手的欲望，那么他们便会互相挑战，最终，我们就可以优质高效地完成既定的任务。"

挑战，激发了一个人取胜的欲望。当一个人想要通过挑战证明自己的时候，他便会想法设法地提高自己的执行能力，从而赢得属于自己的财富与光荣。

当刘易斯·劳斯面对纽约州长艾尔·史密斯的邀请时，他一时不知道该如何是好。原来史密斯想让劳斯担任星星监狱的监狱长。这对劳斯来说，不能不算是一个巨大的挑战。要知道，星星监狱是美国最臭名昭著的监狱。这座监狱位于魔鬼岛的西部，难于管理，黑幕和丑闻时有发生。不仅如此，星星监狱也是政治斗争的漩涡，这里的监狱长一再地更换，其中一位监狱长仅仅在职 3 个星期。

面对着这样棘手的挑战，劳斯陷入了沉思之中。对于他来说，接受这个挑战就意味着一次巨大的冒险，可能会使他付出惨重的代价，但是也可能会给他带来丰厚的回报。经过一番利弊的权衡，劳斯决定接受这个挑战。

在劳斯出任监狱长期间，他采取了恩威并施的手段：一方面对罪犯实施"人道化"的待遇，另一方面则采用铁血政策，以铁腕治理囚犯。依靠着自己灵活多变的治理手段，劳斯成为了美国最著名的监狱长。此外，他撰写的《星星二万年》也成为了美国的畅销书，销售了几十万册。

当挑战来临的时候，一些人选择了退缩，而聪明的人却往往能够从挑战中发现利好的信息，或许这就是为什么成功者喜爱挑战的原因吧。他们喜欢这种通过竞争、通过征服来表现自我的机会。在挑战中，他们战胜了自己的竞争对手，超越了自己的能力极限，证明了自己的存在价值。

所以，像那些成功者一样，勇敢地接受挑战吧。你会发现通过挑战，自己将变得更强；通过挑战，自己将会对胜利持有更强烈的渴望；通过挑战，自己将喜爱上挑战。

超越“不可能”，完成任务不打折

人生的精彩并不是一天赚多少钱，也不是得到了多少鲜花与掌声，当我们年老再回首的时候，最让我们难忘的是我们曾经是怎样勇敢地战胜了困难、帮公司闯过难关，而我们同时也战胜了自己。

西方有句名言：“思想决定命运。”不敢向有难度的工作挑战，就是对自己的潜能没有信心和自我限制，这种思想最终会让自己无限的潜能转化为乌有。

所以说，勇于向不可能挑战的精神、信心和勇气，是一个人获得成功的根本基础，也是其事业成功的重要因素。

现实生活中，我们经常可以见到一些人固执于某种行为或处世模式，同时又对结果不满意。“没有办法”“不可能”成了他们为自己所设定的障碍所找到的“合理”解释。难道真的是“不可能”吗?

其实，所谓的极限多是自己给自己制造的藩篱而已，只要换一种思考方式，就会发现原来事情做起来可以这么简单。

很多事情看起来很难、想起来更难，但当你真正开始做了之后，你会发规，事情立刻变得简单了。成功通常不是由你的能力决定的，而是你的决心。成功是靠不断地做得来的，而不是想出来的。

有一个关于沙丁鱼的故事，其大概意思是这样的：

一个人在鱼缸中间放了一片透明的玻璃，一边放上小鱼，另一边放上沙丁鱼。沙丁鱼看到小鱼，就想冲过去吃，可每次都撞到玻璃上。很多次都这样，过了一段时间后，沙丁鱼再看见小鱼也不冲过去吃了。又过了一段时间，把中间那片玻璃拿出去，小鱼和沙丁鱼完全混在一起，那人发现了一个特别奇怪的现象：有好些小鱼就在沙丁鱼嘴边游，可沙丁鱼却没有任何要吃的动作。

哀莫大于心死，如果你认为不可能，那就真的不可能了。其实世界上没有一件事是“可能”的，也没有一件事是“不可能”的，千万不要自我设限，只要行动起来，即使失败 100 次，还是要坚持行动，否则就真的只有死路一条了。

我们在工作的过程中会遇到这样或者那样的困难，“聪明”人往往能够看到要完成这项工作的困难程度和可能性有多大，以及是否在自己的能力极限之内，如果他们估算到这项工作超出了自己的能力极限，他们就会选择逃避和退缩。

但还有一部分人好像没想那么多，他们总是毫无顾虑地迎难而上，付出自己最大的努力，甚至超过自己的极限去完成任务。

毫无疑问，敢于突破自己的能力极限、完成不可能的任务的员工就是老板所喜欢的员工，这样的员工总是能够为企业解决更多的困难，并创造辉煌的成绩。

1937 年，麦当劳兄弟借钱办起第一家“汽车餐厅”，他们的服务模式很独特，定位的是服务到车、方便乘客的经营模式，也就是由餐厅服务员直接把三明治和饮料送到车上。

由于模式的新颖、服务的便捷，受到了人们的欢迎，生意做得非常好。与此同时，也给他们的经营带来了不小的竞争压力，因为他们的“汽车餐厅”很快就被人们纷纷效仿，一夜之间遍布大街小巷，这直接抢去了麦当劳兄弟的大部分生意，导致他们的经营状况越来越糟糕，使他们陷入了前所未有的困境之中。

然而，麦当劳兄弟俩并没有退缩，而是想方设法重整旗鼓，他们摒弃了原来的经营理念，转而在“快”字上大做文章，以简单、实惠、快捷的全新经营理念吸引了千千万万的顾客，逐渐战胜了困难。

但是，他们并没有满足于现状，而是一直在向自己的能力极限发出挑战。他们敢想敢干，想出各种出奇制胜的办法，比如推出小纸盘、纸袋等一次性餐具，进行了厨房自动化和标准化的革命等。

正是由于麦当劳兄弟所具备的不断战胜自己和超越自我的决心和勇气，才使得他们把在一般人眼里已经很好或根本不可能的事一步步地做好，使麦当劳逐渐确立了快餐业的霸主地位。

美国著名钢铁大王卡内基在描述他心目中的优秀员工时说：“我们所急需的人才，不是那些有多么高贵的血统或者多么高学历的人，而是那些有着钢铁般的坚定意志、勇于向工作中的‘不可能’挑战的人。”

面对人生，敢于挑战是一种激情，对现代人而言是最宝贵的品质。对此，一位著名的经理人说：“在这个社会上，人生的价值是什么？一定是人生的意义。你的意义在什么地方？每个人的价值观可能不一样，我希望做不同的事情、挑战不同的事情。你要用心地观察这个世界，很多东西听上去仿佛离你很远，但是你仔细地看一下，就会发现很多东西会离你很近。我希望年轻人不断地挑战自我。很多东西暂时不属于你没有关系，但是一旦你挑战了自我，我相信很多东西就会离你很近。”

在今天这个时代，人人都可能一鸣惊人，做出以往所不会想到的成就。人生的成败不是取决于素质与先天环境，而是受制于自己所持的态度。

如果你要成为一个解决问题的专家，就不能惧怕问题，不能为自己的职业生涯盖上一个“瓶盖”，而要相信自己，不断地挖掘自己的潜能。不要给自己设一个能力极限，勇于向不可能的任务挑战，有利于你不断打破内心的自我限制，充分发挥出自我潜能。

假如你想摆脱平庸的工作状态，成为职场上的佼佼者，那么你在困难和问题面前就应该敢于挑战自己的能力极限，摆脱内心的恐惧和不安，去完成不可能的任务。

超越自己，并非只是一句随口标榜的话，更不是一时的兴奋和冲动，它需要你从容地面对人生的磨砺，并付出不懈的努力。雄鹰之所以能够搏击长空、翱翔蓝天，那是因为它从小就有超越自己的信念。

成功离不开敢想敢做的冲动

人生可以平凡，但不可平淡。成功者最基本的要素就是具有积极向上的心态、高度的责任心再加上不断的努力。当我们认识到自己的积极心态的那一天，也就是我们遇到最重要的人的时候，而这个世界上最重要的人就是我们自己！我们的这种精神、这种思想、这种心理就是我们的法宝、我们成功的力量。

农夫山泉总裁钟睒睒对于农妇山泉的大胆炒作、高调步伐曾经说："企业不炒作，就是木乃伊。"

相信大部分人每逢听到"农夫山泉有点甜"的广告语，都会想到一个企业，那就是1997年才杀入饮用水市场的、凭借"有点甜"的感性诉求和高档、高价的差异化营销定位，在第二年即冲人行业三强的农夫山泉。随后两年，农夫山泉一直与行业老大娃哈哈、老二乐百氏相安无事。

然而到了2000年4月24日，农夫山泉的持有者海南养生堂公司召开新闻发布会，宣布停止生产纯净水，只出品天然水。

养生堂借机公开指出，长期引用纯净水对人体健康无益，农夫山泉放弃纯净水生产，是为消费者着想。农夫山泉的电视广告也随即调整，为

“攻击”纯净水推波助澜。

农夫山泉的词句可谓是大胆之极，为什么他们敢冒“纯净水”这个市场之大不韪呢？原来农夫山泉早就对纯净水进行了深入分析，发现纯净水有很大的问题，问题就出在纯净上：它连人体需要的微量元素也没有，这违反了人类与自然和谐的天性，与消费者的需求不符。这个弱点被农夫山泉抓个正着。作为天然水，它自然高举起反对纯净水的大旗，而它的“有点甜”正是在向消费者透露这样的信息：农夫山泉才是天然的，健康的。一个既无污染又含微量元素的天然水品牌，如果与纯净水相比，价格相差并不大，可想而知，对于每个消费者来说，他们都会做出理性的选择。

尽管这种做法会给消费者带来一种全新的饮水理念，不过市场反应也是他们意料之中的事。此言一出，行业全部哗然。首先是行业内两大巨头——“娃哈哈”老总宗庆后与“乐百氏”总裁何伯权都提出质问。

2000年的5月9日，广西53家纯净水生产厂家代表汇聚北海，表示拟在适当的时候起诉农夫山泉，并提出索赔要求。6月5日，在口水大战中一开始保持沉默的杭州娃哈哈集团公司向全行业发出邀请，商讨“关于共商反击‘农夫山泉’恶意攻击纯净水、危害纯净水行业健康发展”的诸多事宜。6月8日，诸多厂家一起讨论修改《全国主要纯净水协会与生产厂家关于要求国家有关部门制止“农夫山泉”不正当竞争、危害纯净水行业健康发展行为的声明》(讨论稿)，并在下午召开新闻发布会。

早有准备的农夫山泉也于当日晚8点半在杭州西子国宾馆召开记者招待会，广邀正在杭州采访以上事件的全国各地新闻媒体记者，公开阐述了自己对纯净水、天然水以及企业的经营理念。素不露面的养生堂农夫山泉总裁钟睒睒亲自出面，解释了由浙江大学博士后白海波主持的“水与生命”课题组所做的一项实验。认为研究证明天然水及其中含有的钾、钠、钙、镁离子，对维持生命极为重要，而纯净水与之相比则有着极为显著的差距。并宣布农夫山泉将退出纯净水市场，专门搞对人体有益的矿泉水生产。

本来就要退出纯净水市场的农夫山泉，经过这一大胆的炒作行为，直接的收获是调动了新闻媒体，为自己的战略转移，为自己关心消费者利益的品牌形象，为自己新产品的特色进行了一系列裂变式的免费宣传，形成了轰动效应。更为重要的是，重创了竞争对手——纯净水，以崭新的形象挺进天然水市场，同时，为下一步的策划埋下了伏笔。

可以说，农夫山泉这次大胆的运作，不但打击了竞争对手，还让“农夫山泉有点甜”更深入人心了。

俗话说“无利不起早”，农夫山泉的大胆运作也是一样。尽管它的战略转移是已经决定的事情，然而它却敢在这个问题上大做文章引来众怒，不能不说是一种“风口浪尖”上的冒险，然而这种冒险尽管危险，却收到了很好的效果，给自己创造了更良好的品牌宣传，提高了知名度之外，还给了广大消费者一个新的饮水概念。由此不难看出，这是一次大胆运作所创造的效益。因此，做生意或者做事情还真需要一点这样敢想敢做的冲劲儿才行。

人生的永恒，不是平淡，而是追求。奋斗，只有不断的奋斗，才能有精彩的人生。人生绝不是一段简单的流程，活着就意味着一次又一次重新诞生。生活无论是贫穷还是富有，无论是顺境还是逆境，都不能用平淡去注释。要想让人生充满希望，让生活富有质量，就要突破自我封闭的重围，斩断世俗紧固的锁链，让不满的车轮碾碎平庸的陈旧观念，以战胜者的姿态走出地平线！敢想敢做才能成功！

挑战现状，敢于追求卓越

即使是自己喜欢的工作，每天做的都是没有变化的事情，也会使人逐渐心生厌烦。面对这样的情况，聪明的人不会坐守围城，他们会向自己、向现状发起挑战，不断实现新的突破，追求更大的成功，创造出卓越的成绩。

余伟就是在不断挑战自我、追求卓越中逐渐成长起来的。他在36岁时实现了自己的梦想，那就是创办一家知名的传媒公司。

余伟20岁时大学毕业，毕业后在一家报社工作。无论工作有多简单、有多忙，他总是把工作做得有条不紊，让领导满意。他虽然对报社的工作不是很满意，但他知道学习对于初入社会的年轻人是多么重要。由于业绩突出，余伟被提拔为编辑部副主任，他婉言谢绝，并且递上了辞呈。

余伟27岁时来到一家广告公司，依然以初学者的心态悉心学习广告业的知识。3年很快过去了，余伟对整个广告行业从不知到完全掌握，工作业绩也特别突出。当时他月收入10万元，公司提供住房和交通工具。但余伟再次选择离开，他感觉创办自己公司的时刻到了。

凭借多年的传媒经验以及丰富的人脉关系，余伟成立了自己的传媒公司，公司业务涉及报纸、广播、电视、广告业务等多个方面。成长中他也遇到过很多困难，但是靠着不屈的精神和意志，困难被一一克服，公司走上了健康发展的快车道。余伟并没有停下前进的步伐，他下一步的目标是成立传媒集团。

从报社到广告公司，再到传媒公司，余伟的每一步都是在挑战现状，追求卓越，如果不是这样的话，他很可能只是平庸一生。挑战能够成就一个人，甘于现状，失去承担风险和压力的勇气，输掉的可能不仅是一次机会，而是自己一生的梦想。

挑战现状，追求卓越不仅是一种工作态度，也是一种生活标准，是我们提高工作业绩的重要保证。一个满足于现状、不思进取的人不管多么努力，永远不可能成为一个成功的人。从这个角度说，我们鼓励大家有一颗“不安分”的心。

太多的人不能清楚地了解和认识自己，不知道自己的潜力到底有多大，自己的潜力到底在哪里。这样的人在获得一些成就后，往往裹足不前，甚至认为自己的能力就是这样了。其实，每个人的能力都是无限的，只要你愿意挖掘，你总会发现自己以前没有的能力。

很多人是因为认为自己的能力不够、不自信才不敢挑战自己，那就赶紧充实自己吧。不仅要学习专业知识，还要学习非专业知识。“手中有粮心中不慌”，你手中粮食的数量、品种越多，你迎难而上的底气就越足。

一个运动员满足于现状，不思进取，不用等多长时间，他就会被后来者超越；一个企业满足于现状，不谋求新的发展，必然会在竞争中被淘汰出局；一个人满足于现状，得过且过，就不可能收获丰满的人生。只有不断向前，才可能在竞争中不断前进。

有一位名叫保罗·纽曼的人，他不断取得成功，完全是他不断向前的结果。

保罗大学毕业后，先是在父亲经营的商店工作，但是他不喜欢这种平淡乏味的生活。后来，他毅然卖掉了父亲留下的商店，在周围人不解和怀疑的目光中，将全部资产投放在发展演艺事业上。保罗成功了，实现了从商人到艺人的跨越，而且获得了很大的成功。

虽然如此，保罗没有停止向前的脚步。一个非常偶然的机会保罗接触到一种新食品。保罗有着商人敏锐的洞察力，发现新食品中蕴藏着巨大的商机。保罗找到愿意合作的朋友，投资开发这种新食品，并且成立了自己的食品公司。在保罗的精心经营下，食品非常畅销，他也因此成了著名的“食品大王”。

正因为保罗有不断进取的精神，才有了他永不满足的胃口，他也才能不断拓展事业的领地，并不断把自己的人生推上高地。成功只属于敢于挑战现状的人，只有不断超越、追求，才能不断获得成功。

第七章

困难面前挺一挺，苦难斗不过你的坚强

苦难是人生一道永远开放着绚丽花朵的风景。人，不经过挫折，就不知道路之坎坷；不经过磨练，就不知道意志之坚强；只有在人生道路中与苦难交锋，才知苦难也是一种财富，才知道自己有多勇敢。人不是战胜痛苦的强者，便是屈服于痛苦的弱者，做强者还是做弱者，就看你能不能多一些坚强。

不要低估自己应对不幸的能量

面对困难和挫折，很多人往往觉得自己无能，没有足够的能量去应对接二连三的挫折。于是一边怨恨上天对自己不公平，一边又因自己无能而生气。事实上，你是真的没有能力去应对生活中的挫折吗？

在回答这个问题之前，我们先看一个故事：

一个农夫注视着一辆轻型卡车快速开过他的土地。他 14 岁的儿子正在开着这辆车，由于年纪还小，儿子还不够资格考驾驶执照，但是儿子对汽车很着迷，而且似乎已能够操纵一辆车子。因此，农夫就准许儿子在农场里开这辆客货两用车，但是不准开到外面的道路上。

但是突然之间，农夫眼看着车子翻到水沟里去了，他大为惊慌，急忙跑到出事地点。他看到沟里有水，而他的儿子被压在车下面，躺在那里，只有头的一部分露在外面。

这位农夫并不是很高大，根据报纸上所说，他有 170 厘米高，70 千克重。但是他毫不犹豫地跳进水沟，把双手伸到车下，把车抬了起来，高度足以让另一位跑来援助的工人把那失去知觉的孩子从下面拉出来。

当地的医生也很快赶来，给男孩检查了一遍，只有一点皮肉伤，其他毫无损伤。

农夫觉得很奇怪，刚才他去抬车的时候根本没有停下来想想自己是不是抬得动，由于好奇，他就再试一次，结果根本就抬不动那辆车。医生说这是奇迹，医生解释说身体机能对紧急状况产生反应时，肾上腺就会大量分泌出激素，传到整个身体，产生出额外的力量。

这个故事还给了我们一个重要的启示：这件事发生在农夫的身体方面，使他产生了一种超正常的力量，但是这并不止于肉体反应，它还涉及心智和精神的力量。当农夫看到自己的儿子快要被淹死的时候，他的心智反应是要去救儿子，再也没有其他的想法，他一心只想把压着儿子的卡车抬起来，可以说是精神上的肾上腺引发出了潜在的力量。如果当时的情况需要更大的体力，心智就可以产生出更大的力量。

既然人们有足够的能量可以摆脱失败的困境，当我们遇到失败的时候就不要悲观绝望，更没有必要痛不欲生。

心理学研究认为，人们往往过分夸大了失败的严重性和不利因素。不少人往往过分夸大“形势危机”带来的潜在“惩罚”与“失败”，他们用自己的想象力来和自己作对，把事情小题大做，仿佛一次小小的失败，就是生死攸关的大事。换句话说，当这些人面对困难的时候，他们不相信自己应对不幸的能力。

英国著名哲学家罗素说过：“遇到不幸的威胁时，认真而仔细地考虑一下，最糟糕的情况可能是什么？正视这种不幸，找到充分的理由使自己相信，这毕竟不是那么可怕的灾难。这种理由总归是存在的，因为在最坏的情况下，在个人身上发生的一切决不会重要到影响世界的程度。你坚持面对最坏的可能性，怀着真诚的信心去对自己说：‘不管怎样，这没有太大的关系。’这样，经过一段时间以后，你会发现你的忧虑减少到一个非常小的程度。也许你需要把这个过程重复几次，但是到最后，如果你面对最坏的情况也不退缩，你的忧虑已经完全消失，取而代之的是一种喜悦的心情。”

人生只有一种失败，那就是半途而废

成功励志大师陈安之说："成功者只占3%，普通人占97%。"这两者之间最大的差别是前者习惯了坚持，后者习惯了放弃。人生所有的坚持与放弃都是从一个目标、一个决定开始的。

一位培训师在一次培训课堂上对学员们说道："人的成功有两个重要的因素，一个是好的习惯，另一个就是不断坚持下去的毅力。"

我们都渴望成功，但结果往往是只有极少数人站到了成功者的队伍中，大多数人还是身居平庸者的行列。之所以如此根本的原因就在于前者做到了坚持、坚持、再坚持，而后者多是遇到困难就退缩，半途而废。

因此若想成功，其中必不可少的一个因素就是不断地坚持，只要不断地坚持，就终会有看到希望、迎接曙光的一天。

美国海关进行了一次拍卖会，拍卖的是一批刚刚被截获的走私自行车。

每次，当拍卖师叫价的时候，一个坐在前排的大约10岁左右的小男孩总是先叫道："10美元。"当然，别人并没有因为他出了10美元，而放弃竞争，小男孩只能眼睁睁地看着别人用20美元、30美元的价格把一辆辆崭新漂亮的自行车拍走。

拍卖师渐渐地注意到了这个每次只叫价10美元的小男孩，于是在中场休息的时候，拍卖师走到小男孩面前，问他为什么每次只出10美元，小男孩不好意思地挠了挠头，说自己只有10美元。

拍卖会继续进行，小男孩每次仍然只叫10美元，每次也都是看着别人把一辆辆亮晶晶的自行车推走。终于轮到了最后一辆自行车，这是拍卖会上最好的一辆自行车——车的前排有两盏灯，全自动的刹车和可多档变速的车身在灯光下闪闪发光。

拍卖师开始叫价了，不过小男孩却沉默了下来，现场静悄悄的，没有一个人应声；拍卖师叫了第二遍，还是没人应价；第三遍，那个小男孩这时也几乎绝望了，他看着那辆全场最好看的自行车，最终还是小声地叫了出来："10美元。"

全场的人都听到了，拍卖师把锤子重重地敲下去，大声地说："如果没人再叫价的话，这辆多变速的自行车就属于这位身着短裤的小男孩了。"

顿时，全场响起了雷鸣般的掌声。

其实，我们在面对困难时，也可以像小男孩一样，坚定地走自己的道路。这样，成功和喜悦一定会属于我们。

相信自己的选择，坚持走自己的路，不要半途而废，这就是人生的一种境界。

100多年以前，一艘英国商船因为触礁而沉没于马六甲海域。这艘船是从我国广州港驶出的一艘货轮，上面装满了名贵的丝绸、瓷器及珍宝。

前些年，一位名叫鲍尔的人偶然从一份资料上得到这个信息后，下定决心打捞这艘沉船。这对于任何一个人来讲都是十分艰巨的任务，当时很多人也认为鲍尔会中途放弃。

但是，鲍尔却出人意料地坚持在深深的海底摸索了漫长的8年，总共探索了70多平方公里的海域，而结果是，他找到了这艘沉船。

找到沉船只是迈向胜利的第一步，接下来的工作更是艰难，因为打捞的耗资是巨大的。打捞工作刚开始了30天，就花去了几万元。鲍尔的两位最初的合伙人认为无望而离去，其中有一位好友几次加入又几次离去，并一次次地劝说鲍尔放弃这个“疯狂”的念头。可是，鲍尔却一直坚持了下来，他坚决不放弃这次打捞。终于，在坚持了许多天之后，鲍尔迎来了成功的这一天。

事后当鲍尔接受记者采访时说，自己曾经也有过放弃的念头，每一次精疲力竭地从海底潜回时，他都想永远不再下去了。但是这种念头瞬间闪过之后，他又为自己注入了新的动力，强迫自己坚持了下来。

鲍尔打捞沉船的勇气令人敬佩，更让人敬佩的是他没有中途退却，一直坚定不移地坚持下去的精神。正是因为有了坚持，鲍尔才历尽千难万险，实现了自己的目标。

其实，做任何事都离不开坚持这一成功所需要的基本素质，只要一次又一次地坚持下去，成功就会向我们走来；相反，哪怕只有一次轻易的放弃，失败就会悄悄地跟随着我们。

在艰巨的任务面前，有的“聪明”人善于走捷径，一旦发现走不通，就会换一条路，结果换来换去，几十年都没能走完其中的任何一条路。忙忙碌碌了一生，到头来还在路上。

在我们的语文课本里有个“愚公移山”的故事，故事中的愚公和他的儿孙们搬走了整座大山，他们所具备的正是坚持的毅力和精神。看得出，这些人都是选定了自己的路，然后坚定地走下去，并没有因为遇到困难而半途而废。因此，只要你不放弃，随时完善自己，看准了方向就坚持走下去，那么终有一天你会不经意地发现，成功正在向你款款走来。

让自己成为从不幸中走出来的英雄

蚌虽然饱受与沙砾摩擦的痛楚，但它收获了晶莹的珍珠；玉石虽然饱受利器雕琢的痛苦，但它成就了旷古绝伦的艺术。不幸是苦涩的，但经历过苦涩才能成为真正的英雄。就算做不了英雄，我们也不做没有勇气的弱者。

在世人的意识里，似乎“幸运”是个特别美好的字眼，而与之相反的“不幸”二字，则无端地会让人产生一种恐惧感。

通常看来，几乎没有人希望和“不幸”沾上边，因为它给人的感觉是沉重且晦暗的。因此，当人们陷入不幸状态的时候，往往会为自己的命运感到委屈。

诚然，不幸的人生是值得同情的，但不幸对每个人来说，其实远没有想象的那么毫无意义可言，因为很多历经不幸的人经过自己的奋发图强，最终走了出来，并成了某个时代的英雄或佼佼者。这正印证了美国作家斯蒂芬斯说的那句话：“每场悲剧都会在平凡的人中造就出英雄来。”

综观古今中外，确实有许多英雄人物都经历过不幸，例如《史记》的作者司马迁曾经被处以腐刑；曹雪芹家道中落，曾饱尝数十年食不果腹的贫寒生活；作曲家贝多芬正值大好年华时竟两耳失聪；美国最杰出的总统之一林肯幼年丧母、中年丧子、初恋情人早逝、结发妻子曾患上精神病……这些闻名于世的伟人们曾经也是如我们一样的平凡人士，但是不幸成就了他们，使他们在千百年后仍然被人铭记于心，令他们夺目的光辉照耀着世世代代。

我们来看一个从不幸中走出来的英雄的故事吧：

马斯特原本是个年轻帅气、身体健壮的小伙，但是很不幸，在他骑着摩托车飞驰在公路上时，遭遇车祸，导致他全身 70% 的体表面积被烧伤。

当马斯特恢复意识时，他已经在医院的病床上躺了好几天。苏醒后，他才意识到自己伤得有多么严重，当时他一点儿都不能动弹，稍微一动就钻心的疼，甚至连呼吸都极为困难。但是，在强烈的求生意志的驱使下，马斯特不断地告诉自己："无论如何，我一定要活下去。"

之后很长一段时间里，马斯特都生活在剧烈的疼痛中。可喜的是，终于有一天，他凭借自己的坚强意志力，重新站立了起来。

然而，就在马斯特处于喜悦之中并准备重新开创自己的人生和事业时，不幸又降临了，因为一次飞机失事，马斯特的下半身从此瘫痪了。

面对新的更为严重的打击，马斯特委屈得想要大哭，但是很快他又冷静了下来，因为他那强烈的求生意志不允许他屈服。就是在激昂的斗志下，身有残疾的马斯特在当时成了美国最活跃的成功人士之一。

马斯特不仅取得了事业的成功，还进入了国会，并且在 1986 年当上了科罗拉多州的副州长。在一次演讲中，马斯特对台下的观众们这样说道："因为这些不幸的经历，让我真正体验到生命的成功与喜悦。"

敬佩之余，我们更多的还是应该为马斯特感到庆幸，因为在巨大的不幸面前，他始终怀着一颗乐观积极、顽强不屈的心，这也是促使他走出不幸、获得成功的"法宝"。

假如将人生的不幸比喻成一所严苛的大学，那么马斯特无疑就是一名优秀的毕业生。像马斯特这样的人，完全值得我们称之为英雄，他用真实的事例告诉我们，就算再委屈，也要始终和不幸作斗争，要用积极、乐观的心态度过好每一天。

奥地利著名作家茨威格说："命运总是喜欢让伟人的生活披上悲剧的外衣，并且在他们前进的道路上设置重重障碍，以便让他们在追求真理的征途中锻炼得更加坚强。命运戏弄着这些伟大的人物，但这是大有补偿的戏弄，因为艰苦的考验总会带来好处。”马斯特就是被命运披上悲剧外衣的人。

看完马斯特的故事，让我们再来看看当代伟大的科学家史蒂芬·霍金的故事：

上大学的时候，原本健康无恙的霍金忽然发现自己身上出现了一种奇怪的症状，他的手脚一日不如一日灵活，走路时还会无缘无故地跌倒。

霍金赶紧找到了医疗专家为自己诊治，结论是患上了运动神经病，这种病会让他的肌肉慢慢地萎缩、硬化，并且无药可医，这就意味着一向健硕的霍金要拖着自己虚弱无力的身体在轮椅上度过下半辈子。

然而，不幸的事至此远没有结束，在全身瘫痪数十年后，身体虚弱不堪的霍金意外感染了肺炎，为了他的安全着想，医生不得不为他进行气管切开手术。手术很可怕，要在他脖子及气管上切一个口子形成通气孔，这样一来，霍金就再也不能说话了。

没有了灵活的双腿，没有了健康的体魄，没有了说话能力，霍金饱尝了生命中的各种不幸，但是坚强的他并没有因此放弃生命，也没有因为委屈而整日抱怨，他说：“生活是不公平的，不管你处境如何，都只能全力以赴。”

在轮椅上生活了几十年的霍金曾经写下过这样一段文字：“我的手指还能动，我的大脑还能思考，我有终生追求的理想，我有爱我和我爱着的亲人、朋友，我还有一颗感恩的心。”

就是因为这份积极乐观的心态，帮助霍金不断开发自己的潜力。现在，他已经跻身于世界上最著名的物理学家之列，并且拥有12个荣誉学位、三个子女、一个孙子，是英国皇家协会的特别会员。

作为一个正常的健康人，看了霍金的故事会作何感想？无疑，很多人被这种不幸深深震撼，同时更会被霍金的精神与气质深深折服。尽管上天将太多不幸降临在霍金身上，让他腿不能站、身不能动、口不能说，但他没有向命运举白旗，而是积极地和命运抗争，最终让不幸成就了自己。这样的人不正是现代社会的大英雄吗？

或许我们不会像马斯特和霍金那样遭遇如此大的不幸，但在漫长的一生中，终究也会经历些许不幸，当面对这些不幸的时候，就算我们不因委屈而难过，也不要因委屈而放弃自我，而要和不幸争斗一番。只有这样，我们才能开创出一个崭新的人生，才能让自己尽可能地远离伤害。

只有历经苦难的焚烧，才能百炼成钢

有的果实外苦内甜，而苦难就好比这样的水果，只尝一口，吃到的只能是苦，但是慢慢咀嚼下去，就会尝到里面的甘甜。人生就是如此，我们不要在刚品尝到苦的味道时就哀叹自己的日子过不下去了，只要把苦头吃尽，甘甜自然会来。

一想到苦难，年轻人的心头常会为之一震：千万别让我深陷苦难之中啊！谁都知道，经历苦难是件十分痛苦的事，但或许只有少数人才懂得，只有经历焚烧之苦，才能百炼成钢。

焚烧？太痛苦了吧。没错，焚烧的确不易承受，但是如果不想让命运把自己抛弃，就得通过这样的过程让自己脱胎换骨。享誉世界的现实主义艺术大师屠格涅夫曾经说过：“你想成为幸福的人吗？那么，请先学会吃苦。”显然，他所指的“苦”即是人生中的苦难和挫折，而“吃”就是要面对苦难和挫折。实际上，作为一个生命降临到这个世界上，每个人都是要吃苦的。从小，我们就从师长那里得到这样的教诲：吃得苦中苦，方为人上人。

古往今来，流传下来很多关于吃苦的故事，其中头悬梁、锥刺股就是颇具代表性的吃苦事例。

不管是头悬梁的孙敬还是锥刺股的苏秦，他们小时候都是再平凡不过的孩子，但是他们有一点和别人不一样，那就是肯吃苦，而也正是这股子肯吃苦的精神和毅力，让他们的学识突飞猛进，令那些从小养尊处优而没有吃苦毅力的富家子弟们望其项背。此二人终成饱学之士，闻名于世，受到世人的敬仰。

人类如此，动物界亦如此。或许人类总是认为自己的聪明程度高于动物，岂不知动物的一些生存智慧也是值得人类去学习的。

长颈鹿生下自己的孩子后，不会像其他动物那样立即舔净孩子身上的羊水或其他东西，而是低下头来仔细观察，弄清楚孩子掉落的位置，然后，长颈鹿妈妈会做出一件让人难以理解的动作，就是抬起腿来踢向孩子，让刚刚出生的小长颈鹿翻个跟头，仰面朝天。如果小长颈鹿不立刻站起来，妈妈就会一直重复这个动作，直到它站起来为止。

为了避免遭受妈妈的踢打，小长颈鹿会努力地站起来，但由于刚刚离开母体那个温暖而熟悉的地方，它的身体还很虚弱，对这个世界也很陌生，但它的妈妈并没有因此而对它宽容。

长颈鹿妈妈为何如此残忍呢？动物学家们的解释是，原因在于它们深爱自己的孩子，它们要让小长颈鹿品尝苦的滋味，只有这样，当处于危机四伏的荒芜中时，孩子才能迅速摆脱困境，免受狮子、猎豹、土狼等食肉动物的侵袭。

事实上，长颈鹿妈妈的残酷行为恰恰是对孩子的保护，如果它们不“残忍”，它们的孩子就不能很快地站起来，如果站不起来，那么等待它们的就可能是灭顶之灾。能吃苦才能享受甘甜，不能吃苦就会在苦难来时消亡。动物界如此，自然界也是如此。

寺庙里的两个和尚受师父之命，去离寺庙较远的戈壁滩上植树。和尚甲对小树照料得很细心，不辞辛苦地定时定量给小树浇水、施肥；而和尚乙对待小树却大大咧咧，远没有和尚甲那么细心周到，他只是隔三岔五地去给小树浇水、施肥。

好在两棵小树都长得很好，郁郁葱葱、枝繁叶茂。

一天夜里，忽然刮起了大风，整个戈壁滩都被大风席卷了。第二天，风停了，再看两人栽的小树，居然有了明显的差别：和尚甲种的小树被大风连根拔起倒在地上，和尚乙栽的小树则依然挺拔地竖立在戈壁滩上，只是被风刮断了几根小树枝。

这个故事告诉我们，被照顾得细致入微的小树由于轻易就会得到水分和肥料，就不必费力地扎根到探处，而被照顾得不够好的小树，不得不努力把根扎牢、扎稳，去寻找足够的水分和肥料。

其实，苦难就好比一颗外苦内甜的果实，刚刚品尝的时候，我们感受到的只有苦涩，而当慢慢咀嚼下去，就会感受到甘甜。因此，当我们遭受苦难时，不要哀叹命运不公，不要自暴自弃，而要告诉自己，只要把苦头吃尽，甘甜自然会到来。

事实上，一个人只有能吃苦、肯吃苦，才能在社会竞争中占据优势。有这样一副对联："有志者，事竟成，破釜沉舟，百二秦关终属楚；苦心人，未不负，卧薪尝胆，三千越甲可吞吴。"由此可见，当我们成长为一个能够不怕吃苦的人的时候，在我们面前就没有做不成的事，就没有过不去的坎儿。

坚持、坚持，再坚持

许多事没有成功不是由于构想不好，也不是由于没有努力，而是由于努力不够。坚持就是拓进，就是遇到困难绝不放弃的韧劲儿。真正的成功是要坚持永不放弃。温斯顿·丘吉尔曾经说过："绝不，绝不，绝不，绝不放弃。"的确是这样，只要我们有了这种永不放弃的精神，我们也就有了走向成功的保证。

现实告诉我们，那些最著名的成功人士获得成功的最主要原因，就是他们绝不因失败而放弃。《哈里·波特》的作者，为了出版这本小说跑了许多家出版社，但由于这类的书稿在当时尚无先例，所以很多出版社都不肯出版，她不知道跑了多少家出版社，但得到的结果大多都一样。但决不放弃的信念让她坚持了下去，最终实现了自己的愿望。

著名的大发明家爱迪生曾经说过："成就伟大事业的三大要素是：第一，辛勤的工作；第二，不屈不挠；第三，运用常识。"

爱迪生一生的发明无数，就以我们现在所使用的电灯来说，就做了不下千次实验，如果爱迪生没有这种坚持下去的信念，那么，我们现在会有这么明亮的光源吗？爱迪生要是没有这种坚持下去的信念，他会成功吗？事实告诉我们"永远不会"。

她是一个对足球十分痴迷的女孩子，她为了自己的梦想，每天缠着父亲带自己去体校踢足球，父亲在百般无奈下，只好带着她到体校踢足球。在这个学校里，因为这个女孩以前并没有受过规范的训练，所以她踢球的动作、感觉都比不上先入校的队友，这也使女孩并不突出。很多的时候，她在场上训练踢球时常常受到其他队友的奚落，说她是“野路子”球员，因为队员的奚落，女孩的情绪一度很低落。她为了进入体校挑选的后备力量中，总是努力地训练着，每次选拔，她都很卖力地踢球，然而终场哨响，这一次她又没有被选中，而她的队友已经有不少陆续进了职业队，没选中的也有人悄悄离队。不过，每当这个时候，这个女孩总是表现出惊人的坚决，她总是在心里对自己说：“你一定能行的，你要坚持下去，只要坚持下去，你一定能成为一个优秀的球员。”

这个女孩的教练也总是对她说：“名额不够，下一次就是你。”所以更加坚定了天真的女孩的希望，使她树立了信心，又更加努力地接着练了下去。

下一次的选拔赛上，女孩仍没有被选上，这时的她实在没有信心再练下去了，她认为自己虽然场上意识不错，但个头太矮，又是半路出家，再加上每次选拔时，她都迫切希望被选中，因此上场后就显得紧张，导致平时的训练水平发挥不出来。她为自己在足球道路上黯淡的前程感到迷茫，就有了离开体校放弃踢球的打算。经过心里的斗争，她找到了教练并且告诉教练她想退出了。教练什么也没有说，默默地看着这个平时努力训练的小女孩离开。然而，没有想到的是，第二天，女孩却收到了职业队的录取通知书。她激动不已地马上前去报到。之后，她又去找教练，这次教练对她说了一段话，教练对她说：“孩子，以前我总说下一次就是你，其实那句话不是真的，因为我不想打击你，我想的是你听到这句话应该继续更加努力地训练下去啊！”听完这段话，女孩一下子什么都明白了。她明白了，只有坚持才会胜利，只有坚持才会成功。

希望集团的刘永好也说过：“现在对我而言，再多一个亿和多几百块钱没什么区别，因为当满足自己生活所需后，钱已经不是你追求的最终目标。支撑一个人不断前进的是不断的追求和奋斗。”

这是成功者们有了钱以后，对钱的新的认识。从某种意义上讲，只要我们把握了摆脱贫穷的秘诀，成功也就属于我们。

长跑运动员海尔·格布雷西拉西耶出生在埃塞俄比亚阿鲁西高原上的一个小村里，在他小的时候，每天在腋下夹着课本，赤脚上学和回家，他家离学校足足有10公里远的路程。贫穷的家境使海尔·格布雷西拉西耶不可能有坐车上学的奢望，于是，为了上课不迟到他只能选择跑步上学。每天，海尔·格布雷西拉西耶都一路奔跑，与他相伴的除了清晨凉凉的朝露和高原绚丽的晚霞，还有耳旁呼啸而过的风声。许多年后的今天，海尔·格布雷西拉西耶先后15次打破世界纪录，成为当今世界上最优秀的长跑运动员。由于早年经常夹着书本跑步，以至他在后来的比赛中，一只胳膊总要比另一只抬得稍高一些，而且更贴近身体——依然保留着少年时夹着课本跑步的姿势。

我们许多人都在想，如果海尔·格布雷西拉西耶不是贫穷的，那他还会不会成为今天的世界冠军？今天，当海尔·格布雷西拉西耶回顾自己那段少年时光时，他也不无感慨地说：“我要感谢贫穷。其他孩子的父亲有车，可以接送他们去学校、电影院或朋友家。而因为贫穷，跑步上学是我唯一的选择，但我喜欢跑步的感觉，因为那是一种幸福。”

是的，我们谁都不希望自己贫穷，谁都希望过上幸福的生活，可当我们别无选择地遭遇贫穷时，我们要学会把握贫穷给予我们的力量，就像格布雷西拉西耶，因为别无选择而跑步上学。所以说，不要放弃。

我们一直在思考：那些成功者为什么在经历重大挫折之后还能够站起来？为什么他们身处险境却不畏缩？为什么一筹莫展之时他们也要想尽办法，努力奋斗？为什么他们面对威胁还能初衷不改？

有句话说得很有道理，今天的苦难可能就是明日的辉煌，只要你愿意努力，总会有所成就。人生的机遇，是通过自己的奋斗争取来的。一个创业者在起步阶段，大凡都需要从最简单的工作做起，甚至当搬运工！打个比喻，人就好像那成堆的湿煤，磨难就像那摇篮，颠颠摇摇才能成煤球儿，才能燃烧。

天底下没有不劳而获的果实，如果能战胜种种挫折与失败，绝不轻言放弃，使你更上一层楼，那么一定可以达到成功。不管做什么事，只要放弃了，就没有成功的机会；不放弃，就会一直拥有成功的希望。

富克兰林也说过类似的话："有耐心的人，无往而不利。"耐心需要特别的勇气，对理想和目标全心地投入，需要不屈不挠、坚持到底的精神。惟有坚忍不拔的决心才能战胜任何困难。一个有决心的人，任何人都会相信他，会对他给以充分的信任；一个有决心的人，在任何地方都会获得别人的帮助。相反，那些做事三心二意、缺乏韧性和毅力的人，没有人会信任和支持他们，因为大家都知道他们做事不可靠，随时都会面临失败。

许多人最终没有成功，不是因为他们能力不够、诚心不足或者没有成功渴望，而是缺乏足够的耐心。这种人做事时往往虎头蛇尾、有始无终，做起事来也是东拼西凑、草草了事。他们总是对自己目前的行为产生怀疑，永远都在犹豫不决之中。有时候，他们看准了一项事业，但刚做到一半又觉得还是另一个职业更为妥当。他们时而信心百倍，时而低落沮丧。这种人也许会在短时间取得一些成就，但是，从长远来看，最终还是一个失败者。世界上没有一个遇事迟疑不决、优柔寡断的人能够真正成功。

活着，就要有永不放弃的态度

人生遇到了问题，特别是难以解决的问题，会让人烦恼万分。别着急，此时有一个基本原则可用，而且永远适用。这个原则非常简单，那就是：永远不放弃。

放弃必然导致彻底的失败，而且不只是手头的问题没解决，还导致人格的最后失败，因为放弃会使人产生一种失败的心理。坚持做不是手段而是一种信念，在你的成功之旅中，往往发挥着重要的作用，不轻言放弃就是你人生成功的第一步。

有一年的中考作文题是一组漫画：一个人挖井找水，挖了几口井，都没挖到有水的深度就放弃了，而且有一口井只差几锹就可见水了，他没有坚持下去。其结果呢：没有找到水，只得悻悻离去。考生们根据漫画写作文，有的批评“浅尝辄止”的不良学风，有的讲“不讲科学，盲目打井”的教训，还有的检讨“见异思迁，三心二意”的毛病。其实这里还有个寓言可谈，那就是“成功往往在于再坚持一下的努力之中”。这个观点毛泽东就提出过，许多人都看过京剧《沙家浜》，郭建光带着18个伤病员坚持在芦苇荡中，他鼓励战友的一句台词就是：“胜利往往在于再坚持一下的努力之中！”

2003年9月，亚洲手球锦标赛暨奥运资格选拔赛在日本拉开战幕，首战1分险胜日本队后，中国女手面对第二个对手哈萨克斯坦队。因为只有4支队伍参赛，比赛采用单循环积分制，所以每场比赛都至关重要。而当时中国队进攻核心队员李兵手指严重挫伤，王旻不得不从边锋内迁为内锋以加强外线进攻火力。在外线毫无身高、经验优势可言的王旻虽无法像在熟悉的右边锋位置上那么游刃有余，但也显示出她不服输的个性。

比赛的下半场，王旻在一次防守中被撞倒在地，痛苦地躺在那里很久无法动弹。裁判示意用担架把她抬出场外进行检查。“当时她呼吸非常困难，”队医刘凯说，“根据她当时的症状和做挤压试验的结果，我感觉她的肋骨应该受到了严重挫伤。”在无法确诊伤情的情况下，刘凯建议王旻下场休息：“如果出现气胸、血胸，就会有生命危险了。”

王旻缺阵使中国队火力又有所减弱。在等待救护车到来的时候，医疗队准备把王旻抬出赛场让她静静休息，但倔强的她强忍着胸口灼烧般的疼痛断断续续地说道：“我不走，就算不能打，我也要看完比赛。”百般劝说都没用，心急如焚的刘凯也只能静静守在她身旁，让她半躺在担架上艰难地看完剩余的比赛，19 比 17 中国队 2 分险胜，王旻嘴角含笑，顺从地被医疗队抬上救护车直奔医院。

日本当地医院的诊断印证了刘凯的猜测——肋软骨严重挫伤，医院方面表示："伤者必须静卧修养一个月。"但当听说中国队只要在最后一场逼平韩国队就能出线时，躺在病床上的王旻强烈要求刘凯给她缠上厚厚的海绵和绷带，她要上场！

海绵和绷带让赛场上的王旻显得格外"魁梧"，60 分钟的激战过后，中国队逼平韩国队如愿拿到奥运会参赛资格。喜悦的同时更艰苦的日子也刚刚开始，奥运备战进入全面倒计时，没有更多时间留给王旻，她在床上躺了不到一周便回到了训练场上。

王旻的成功，告诉我们坚持的价值。只要坚持，在没有路的时候，也能够踏出路来，在没有希望的地方也能够创造希望，无论如何，也不会被困难打倒。所以我们要坚持下去，永不放弃。

明人杨梦衮曾说："作之不止，可以胜天。止之不作，犹如画地。"这句话是什么意思呢？其实就是告诉世人坚持下去的道理：世上的事，只要不断努力去做，就能战胜一切，取得成功。但如果停下来不做，那就会和画饼充饥一样，永远达不到目的。

这是个浅显简单的道理，但我们在实际生活中，却常常忘了它。我们常常会有"为山九仞，功亏一篑"的遗憾。成功就距我们一步之遥，我们却在最后的关头放弃了努力，让胜利轻易地与我们擦肩而过，我们该是多么懊丧！

台湾企业家高清愿当初在经营台湾的统一超市时，连续亏损 6 年。但他并没有因此放弃，而是坚持走自己的路。终于在调整了营业方针，市民消费能力提高之后，统一超市开始转亏为盈，如今他的企业稳居台湾商店业龙头地位。高清愿的故事告诉我们，往往是在最困难的时候，最需要

“再坚持一下”，这是对一个人勇气和毅力的严峻考验。胆怯的人往往会退缩，而勇敢的人则会经受住考验，真是“山重水复疑无路，柳暗花明又一村”。而适时调整，等待时机，也是必不可少的。

要想成功，就要“作之不止”，绝不能半途而废。当然，方法、计划可以调整，但绝不要让失败的念头占据了上风。

人生中，不管受到多大的挫折和困难，都不要轻言“不”字。因为说“不”表示关上了人生追求的大门，“不”这个字指失败、垮台、延误。但是把英文“不”（no）倒过来拼，就有了新希望，因为倒过来拼就成了“继续”（on），就有了活力和行动。不松懈地“继续”追求人生的目标，直到问题解决。

我们生活中的每一件事似乎都充满了困难，充满了遗憾，充满了无力感。因此，成功学的大师们建议：当每一个问题出现的时候，须迎头加以处理，这样你就不会再充满挫败感和失望了。每一项挑战升起来的时候，若奋起迎头处理，就会获得很多的成果，你必会有所创造。

要有勇气认输，但不要被“输”打败

人生总有输赢，但没有人愿意认输。人们总觉得，向对手认输就意味着自己不如对方、向命运认输，就意味着自己要放弃自己坚持的目标与方向，是对个人的否定和生活目标的放弃，所以很多人“毅然”坚持自己的观点和认识，绝不做出任何妥协。

在生活中，有些时候我们不得不认输。如果对方的实力确实在自己之上，那这就是“坚持”也改变不了的事实，“坦然”地接受之后，自身的情绪得以轻松。如果目标确实有不合于环境的情况出现，我们何不承认自己的不足？进行一番调整后，也许前方的路途才得以顺利延展。

输不起的人，会因为自己得不到认可而放弃，会因为自己的认识要发生改变而懊恼，因为他们在“面子”上过不去而逃避，所以他们不能放下，他们“挺”直了腰杆，不向命运认输，他们不认输，命运也不会向他们低头，而生活显然要比个人强大很多，所失去的只是自己更好的发展机会。

那些能够勇于认输的人可以暂时放下自己的荣誉，及时调整自己的方向，积累了必要的智慧经验，而他们的性格也变得更沉稳。一次失败的经历可以转变成为一种生活的历练。懂得认输并且不被“输”打败的人，会给人更多的安全感，因为这样的人有更多的承担，他们能舍弃一时的自我，他们的性格更为成熟。

美国股票大王贺希哈有这样一句话为大家所熟知：“不要问我能赢多少，而要问我能输得起多少。”

在贺希哈 17 岁的时候，他就开始创业。但第一次赚钱的时候，也是他第一次获取教训的时候。当时，贺希哈的全部家当只有 255 美元，他在证券场外做了一名掮客，不到一年就发了财，赚取了 16.8 万美元。他为自己买了第一套像样的衣服，并在长岛买了一幢房子。第一次世界大战到来，他用大减价的价格买下了隆雷卡瓦那钢铁公司，但却受骗，身上只剩下 4000 美元。

这一次，贺希哈得到了一个深刻的教训：“除非了解内情并有充分自信，否则绝不要去买大减价的东西。”

贺希哈并没有被失败打倒，而是在承认自己失败以后又开足马力继续干了起来。贺希哈放弃了证券的场外交易，去做当时未被列入证券交易所买卖的股票生意。开始时，贺希哈和别人合资经营，一年后，拥有了足够的资本，开设了自己独立的贺希哈证券公司。再后来，他成为那些股票掮客的经纪人，每个月的收入可以达到 20 万美元。

1936年是贺希哈最冒险，也是最赚钱的一年。早在“淘金潮”的年代，有一个叫道格拉斯·雷德的地质学家是贺希哈的朋友，他知道贺希哈是个思维敏捷的人，就把这件事告诉了贺希哈，贺希哈听了以后，拿出了2.5万美元做试采计划。不到几个月，黄金就挖到了距离原来的矿坑只有25英尺。这座金矿每年能够给贺希哈带来250万美元的净利润。

贺希哈能够成就大事，就在于他敢于承认自己的失败，将自己的心态放低之后积聚自己全部的力量，然后去跳跃足够的高度。人需要百折不挠的意志和面对困难的勇气，但奋斗的内涵并不仅仅是英雄的永不言败，还包括了修正目标、调校自己方位的内容。

在一条死胡同里走到底的人，恐怕只能成为末路英雄，死不认输的性格只会毁掉自己的前程。如果连自己的虚荣心都战胜不了，又怎么可能成为真正的强者？每个人都会经历困境，只有能够从中站起的人才是真正的英雄。

每个人都会经历失败，能学会站立才是在这个世界生存的最好法则。对于家庭而言，拥有丰富阅历的人，可以看到生活中更多的机遇，也会规避更多的风险。因为他们的大度与包容，也可以让一个家庭充满更多的温馨，在这样有担当的人的保护之下，一个家庭必然可以获得更多的幸福。

巴尔扎克曾梦想着做一个成功的商人，他开过印刷所，也做过其他生意，尽管他头脑灵活，总有许多不错的经营策略，但无奈执行力弱，并且时运多桀，因此屡屡受挫。

在如铁的事实面前，他只得服输，明白自己已经无法“东山再起”，最终只能放弃自己所坚持的目标，不得不拾起被自己冷落已久的笔，重操写作旧业。

如果不是巴尔扎克及时从商海中“回头是岸”，恐怕我们也就无缘得以目睹其后来的文学巨著《人间喜剧》了。

有时候生活需要重新寻找方向。没有人天生就知道自己未来的方向，不可能拥有一个完美的计划来规划好所有未来的生活，人们总是在不断探求之中才能走出未来的道路。而一次失败的经历也许就是认识自己和调整自己的最好机会，如果巴尔扎克经商成功，也许我们就不会看到这样一个伟大的作家，更不会读到《人间喜剧》这本巨著了，这是巴尔扎克的命运，而对于自己的命运，恐怕只有在自己摸索与调整中才能渐渐清晰。

适时地认输是对自身实力的保存。美国一位拳王说过，任何一个拳手都不可能打败所有的对手，在恰当的回合认输，却可以使他赢得更多的胜利。及早认输，下次还有赢的机会，如果只是逞能，让对手把你打死，或是把你拖垮，最终自己连输的机会也都没有了。

在彷徨时，挺住助你看清目标

卡夫卡说过："目的虽有，却无路可循。或者，我们称之为路的，不过是彷徨而已。"里尔克也说过："有何胜利可言，挺住既是一切！"由此可见，生活中不乏彷徨，更不乏挺住。

人人都希望得到这样的人生：学习、工作、生活样样都称心。可是，人生毕竟不能如想象中的那样一帆风顺，挫折、彷徨、痛苦随时都会烦扰我们。如果我们挺住了一时的彷徨，拾起对人生的美好憧憬，无疑就找到了人生前进的动力。不论遇到怎样的艰难困苦，不论我们感到怎样的沉重和痛苦，永不放弃，勇敢追求，在彷徨之后坚定了，在最紧要的关头咬牙挺住了，才能再一次迎来胜利的希望。

现实中，很多人在彷徨面前崩溃了，迷失了前进的方向。而成功的人为什么不会崩溃，原因很简单：那些已经成功的人不是不想崩溃，也不是没有理由崩溃，而是他们明白，崩溃后还得从新拾起旧河山，所以再大的困难也一定要挺住——最困苦的时候，没有时间去流泪；最危急的时候，没有时间去迟疑。不要犹豫，不要彷徨，把自己抓回现实就是最伟大的胜利。

玄奘就是这样一个懂得在彷徨的时候挺住的人。

贞观二年，玄奘决定西行求法，第一次他混杂在难民中间，来到敦煌，并辗转去高昌。但缘法未到，玄奘的敦煌之行带给他的结果是失败。

贞观三年，玄奘再次从长安出发，好不容易走到河西。再往前走又会遇到首次的难题：大唐建国未久，西陲尚没有安宁，严禁官民出境。这一次玄奘没有采用第一次的办法，混入难民中风险太大，成功率很低。他反其道而行之，几乎是高调宣传自己，花了一个多月的时间在河西的凉州讲法。听玄奘讲法的多是来往河西走廊的西域各国胡商，在传播手段有限的当时，商人们是最有效的传播者。玄奘不贪图钱财，将商人们布施的金银牲畜一半给了当地寺庙，一半为燃灯（估计用作西行的经费）。这些商人回国后向本国君长称叹玄奘的才德，其美名随着商队在河西以及西域各国中传播。

名气越大，保险系数越大。因此，玄奘再次来河西，却和敦煌擦肩而过。他在敦煌北面的瓜州等候了一个月，等到了胡僧的帮助，才得以西行。从此到唐代的玉门关前的河畔，陪伴他的胡人石盘陀，不堪前路艰险，离他而去。从此他独自一人穿过朝廷五道烽燧的封，经过长八百余里，上无飞鸟，下无走兽，复无水草的莫贺延碛。这段路是玄奘西行中唯一的一段独身一人行走的路，也是最艰难的路。

特别是走了一百余里后，因为迷路，去找野马泉不得。下马饮水，因为皮囊太重失手打翻在地。谁都知道沙漠中的水意味着什么，玄奘似乎遭遇了前所未有的彷徨，到底是回头还是继续前进？刚开始，他选择了回头，在往回走了十几里之后，他想起自己曾经发愿，若不到天竺决不东归一步。于是再发誓愿："宁可就西而死，岂归东而生！"在这样的绝境下，他四夜五日无一滴水可饮，凭着信念走了出来。

在最艰难的时候玄奘挺住了，尽管后面的路还很长也还很难，但最痛苦的时候过去了，玄奘真正超越了自我。没有这次超越，他很难在 17 年内走遍西域印度诸国，并参透那样高深的佛法。也许，这次绝境是佛祖对他的一次考验，在此之后，玄奘的求法之路就变得平坦许多。

从玄奘的身上，我们得到这样一个启示：走出困境，你会发现另一片天地，也许会比你原来想象得要美很多，只要你能走出去，走出黑暗、走出彷徨，一切都将豁然开朗。所以一定要走出去，不管多难也要挺住，到时得到的会让你觉得原来付出的一切都值得！

虽然我们没有玄奘那样高深的法力，但是我们同样能够在生活中、在彷徨中学会挺住，毕竟只有挺住才能让自己看清目标，才能让自己找回曾经的路。那么我们到底该怎么做呢？

在彷徨来到的时候，首先要明白自己恐惧彷徨的是什么东西或事情，原因是什么。只有清楚了这些我们才能有的放矢地分析解决问题，不能让彷徨恐惧把自己吓倒！

很多人在彷徨的时候总是会怀疑自己曾经的抉择，怀疑自己所做出的一切努力，正是因为如此，很多人在放弃了原本的目标之后，用"迷途知返"来宽慰自己。这是一种自欺欺人的做法。彷徨容易让人冲动，更容易让人产生一种迷惑的状态，相反，人在冷静之中做出的决定一般都是正确的。因此在彷徨到来的时候一定要相信自己当初的抉择，勇敢地执行自己的计划，这样才能到达原先的目标。

在彷徨发生的时候一定要学会面对现实，用现实的眼光来考虑现实的问题。计划随着时间的推移可能会改变，而目标因为中途经过很多改变而变得模糊不清，这是人产生彷徨的主要原因。因此，勇于面对现实就是最好的解决办法，否则只能是自我麻痹。

彷徨，人皆有之。而成功则是少数人的荣誉，原因何在？其实生活非常简单，彷徨一点就坚持一点，付出一点就得到一点。面对彷徨，挺住就是最大的付出，因为它能让你看清目标，找准努力的方向。

第八章

成功不能靠别人，人生只能自己去打造

适者生存，不适者淘汰。生活本来就是一个优胜劣汰的过程，想要生存只能靠自己强化自己。如果人不能自立，就不会有一个完美的人生。所以，人要依靠自己的力量去造就一个自强不息的自己；要靠自己的力量去寻找一份真正属于自己的天空；要依靠自己的力量去描绘自己的人生蓝图。

依赖是成功最大的敌人

每一个正常的人都可以做到独立自主，但是注重培养这方面能力的人却少之又少。事实上，我们所见的很多人都在依赖于某些事物或某个具有一定能力的个人。有的依赖于金钱，有的依赖于自己的朋友，有的依赖于自己的外表，有的依赖于自己的出身。是的，对于大多数人来说，要想依赖别人，走别人走过的路，仿效他人或是让别人帮自己来思考、拟定计划和完成工作，这是再舒服不过的事情了，因为这根本不需要自己的努力。

这或许就是存在于我们大多数人心中的一个错误观念，即我们认为只要依赖他人，持续不断地得到他人的帮助，那么我们终将会取得属于自己的成功。

然而，实力是靠自己的努力得到的，正如你不能通过观看他人的锻炼来加强自己身体上的肌肉。事实上，没有一件事情像养成依赖他人的习惯那样会大大地削弱一个人独立自主的能力。一旦你依赖于他人，你将永远不会变得强大。

有的人为了不让自己的孩子像他们奋斗时一样吃苦，就不惜一切代价给自己的孩子提供一个优越的环境。殊不知，这样做反而会害了自己的孩子。父母为孩子所提供的优越条件，往往会成为阻碍他们进步的绊脚石。要知道，人类天生就是善于依赖他人的模仿者。为了生存，我们很容易就会养成依赖他人、模仿他人的习惯。而一个年轻人所需要的则是主动性和拼搏的精神，如果给他提供了拐杖，那么他就不会独立行走了。只要为他提供了帮助，那么他就会对他人产生依赖。

如果你想锻炼自己的韧性，磨练自己的意志，那么你就得依靠自己。

如果你寄希望于他人，那么在你内心所产生的，只能是依赖性。

爱默生曾说："坐享其成的人会丧失斗志。"

是的，心安理得地接受他人的资助，会让你认为自己没有必要付出更多的努力和奋斗，因为会有人为自己铺垫好一切。如果你心里产生了这样的想法，那么你早晚会被这样危险的想法所吞噬。

在生活中，我们可能会经常遇到这样一种人：他们总是在等待幸运之神降落到自己头上。虽然他们无法确定这些幸运的事情会是什么，但是他们总是在期待着、盼望着，希望自己生命中的贵人早日出现。在这样的想法下，他们不愿意主动地接受良好的教育，不愿意去努力地积聚获取成功的资本，他们想当然地认为，在某种冥冥之中的力量帮助下，他们在起步的阶段就会比他人具备更大的优势，就会获得启发，找到一种领先他人的方法。

或许，最让我们感到恶心的事情就是，一个健康的小伙子，他有着宽厚的肩膀、粗壮的小腿、适当的体重，但是他却总想着不劳而获，将自己的双手插在裤兜里，站在那里向别人寻求帮助。

可是，"天道酬勤"。那些只知道等待别人的帮助，等待幸运女神的眷顾，等待别人把钱主动放在他的面前，或者祈求任何形式资助的人，他们是不可能取得真正成就的。

真实情况则是，那种从来不寄希望于他人的帮助，能够坚定地依靠自身奋斗的人往往能够获得最终的成功。

如果你养成了依靠他人的习惯，那么你的自信心将会受到极大的摧残。要知道，自信才是取得所有成就的奠基石。

一个大型公司的高层领导曾经谈到，他一直试图将自己的儿子赶到其他公司去，因为在那里他将受到真正的磨练。他不希望自己的儿子刚刚步入职场就跟随在自己的左右，这样做的话，很可能使儿子对自己产生依赖，进而妨碍了儿子前进的脚步。

或许这就是为什么孩子们在受到父亲或者亲属的扶持时总是难有成就，而当他们完全自食其力，被迫去做一些事情或是让自己承担失败的后果时，他们往往能在很短的时间内培养起惊人才干的原因吧。

一旦你拒绝了外界对你的帮助，那么你就会迅速地提高自己的技能；一旦你克服了依赖的秉性，那么你就踏上了成功的道路。

对于别人绕开的问题，你不妨主动去解决

如果你想获得更多的机会，那么就去做一个善于发现问题并解决问题的人，包括别人不去解决或望而却步解决不了的问题，这会助你走向更大的成功。

趋利避害是人的本性，谁都不愿意给自己找麻烦，可是总会有那么一小部分人，当遇到别人不愿意做的事情时，自己却主动承担起来。有人对于这种举动不屑一顾，甚至嗤之以鼻地说一句“狗拿耗子多管闲事”，或者冷嘲热讽地说“爱做出头鸟的人还真不少啊”等风凉话。

姑且不论他们主动承担的目的何在，单说这一举动本身就足以让人们尊敬了。我们要知道，困难就像是人的影子，在人生的成长轨迹中，总会遇到一些困难，出现一些问题，但是做人首先要做一个勇敢的人，无论在生活中还是职场中，都要做一个“不惧”的人，要学会在困难面前前行、在他人逃避或者拒绝的问题面前主动承担，这才是一个成功者应该具备的素质。

事实上，当我们主动、积极地去解决别人绕开的问题时，我们就会获得比别人更多的思考、锻炼和提高的机会，也才能有更大的进步，获得比别人更多的成功。

可是，生活中，并不是每个人都有一个好的心态、好的价值观念，这也就决定了有的人可以一步一步提升、平步青云，而有的人只能原地踏步

甚至倒退，造成这两个结果的原因其实很简单，就是前进的人用的力更多一些，而后退的人更懒惰一些。用力的人更努力、更勇敢地前进，哪怕面对风雨，也没有停止前进的脚步，面对问题，他们选择的是战胜；而懒惰的人就不一样了，他们一遇到难题就逃开，害怕去面对难题、害怕付出，不愿努力，他们只是墉墉懒懒地等待着别人去解决问题，只是坐享其成或是在别人成功了以后泛出妒意的目光，或讽刺地说那是他们的幸运。不去努力而只想要收获的人注定是不会取得成就的。

无论你是一个怎样性格的人，是天生就有很强的志向和抱负的人，还是比较安逸满足的人，作为一个人，无论在什么情况下，都应该去做一个内心拥有责任感、勇于承担的人，凡事多为他人、为集体着想，并且要做一个敢于担当、积极主动的人。当你面前出现问题时，你要做的就是去战胜它、克服它，要想自己走得更远，有更多的进步和提高，那么就要努力把握机会并善于发现机会。在有些人眼里，一个困难就是一个危机，而在另一些人眼里，困难就是一个机会。善于发现问题并解决问题的人总是会得到比其他人更多的机会，当然也会得到更多的收获。

通用电气公司董事长兼首席执行官杰克·韦尔奇有一句名言："要么奉献，要么滚蛋。"他的工作作风是："在其位，谋其政，不要找任何借口说自己不能够、办不到。"他自己如此，他也要求他的下属这样做，不能因为干不好工作而找理由推脱责任、逃避问题。

一次，一个员工为了一件极难办的事找他，说自己尽力了，并说出许多客观理由，最后说无论怎样，这件事都"办不到"。杰克·韦尔奇知道这个下属就是怕得罪人、怕牺牲自己的利益，就在他犹豫要不要换其他人去做这件事时，一位很年轻的员工来找他，主动要求处理这件难办的差事，杰克·韦尔奇对这位年轻员工的行为很是钦佩，因为这件事的确不是那么好办。杰克·韦尔奇把这个任务交给了这个年轻人，但是也暗暗为这个年轻人担心，但是杰克·韦尔奇还是鼓励了他："只要足够用心，任何困难都是可以解决的，相信你会做得很好！"

果然，这位年轻的员工并没有令杰克·韦尔奇失望，不仅把问题解决好了，为公司留住了一位大客户，还直接签回了一单大生意。杰克·韦尔奇很是高兴，从此，他再也没有忽视这个年轻人，而这个年轻人就是后来接替杰克·韦尔奇担任通用公司董事长兼首席执行官的杰夫·伊梅尔特。

一个人对待问题的态度可以直接反映他的敬业精神和道德品行，当然，也可以反映出他能成就怎样的事业。

如果你想获得更多的机会，那么就去做一个善于发现问题并解决问题的人，包括别人不去解决或望而却步解决不了的问题，你都要主动去解决。在解决的过程中，你获得了思想和经验、提高了技术和能力，并且锻炼了自己的心理素质；而在问题解决之后，你获得的除了直接的结果外，还会获得老板的赏识和同事的赞赏，而这会成为你事业上一种无形的推动力，助你走向更大的成功。

甘当“孙行者”，在关键时刻要挺身而出

很多情况下，我们都不要抱着“事不关己，高高挂起”的心态，而应该尽自己一份力，亮出自己的本事，这样才能救他人于危困，也让自己受到别人的尊敬和赏识。

在四大名著之一《西游记》中，给人们印象最深的莫过于那位降妖除魔的孙行者——孙悟空了。他骁勇善战、神通广大，所以每次妖怪来袭，都是他做先锋负责摆平妖怪，而沙僧从头到尾几乎就只干了一件事——挑行李，这也正是人们都喜欢悟空，而常常将老实巴交的沙僧给忽略掉的原因所在。

其实，自古以来，人们总是对英雄崇敬有加，就是因为他们都是在关键时刻挺身而出的那个人，因为“关键”，所以就显得战功卓著。如果别人没想到的，你想到了，别人完成不了的，你完成了，尤其是在上司或老板火烧眉毛时，如果你能给他一个惊喜，想不被老板铭记于心都难。

常言道：“疾风知劲草，烈火炼真金。”关键时刻是最能体现你能力的时刻，即使你平日默默无闻，但如果能在关键时刻替老板解决难题，无论是上司、下属还是同事，都会对你刮目相看。

一天早晨，美国宾夕法尼亚州一座停车场的调车场线路因为偶发事故而陷于一片混乱中。普通电信技工卡耐基一大早来上班，发现车场如此混乱，他急得如热锅上的蚂蚁，因为此时，他的上司还没有到来，没有经过上司的批准，他是不能擅自处理问题的。可是车场的线路已经乱作了一团，如果再不及时处理，将会引发更大的麻烦。该怎么办？如果自己不顾规定，胆敢私自处理，很有可能等待他的结果就是卷铺盖走人，甚至还可能被判刑入狱。

其实，当时在场的电信工不止他一个，他完全可以对这个问题置之不理，等上司到来后再听令行事，何必自找麻烦呢？可是卡耐基并非平凡之辈，他没有选择做旁观者，而是大胆冒名顶替上司在文件上签了字，下达了处理命令。

当他的上司来到办公室时，问题已经得到了解决，就像从没有发生过一样。上司知道卡耐基的行为后，对他大加赞赏，并把他的此举报告给了公司总部。总裁知道后，立即把他调到了总公司，连升数级委以重任。从此，卡耐基的职业发展一路扶摇直上。

通过这个故事，卡耐基再次向我们证明了关键时刻露一手对职位的高升是多么有效。

很多时候，人们之所以不敢在关键时刻表现自己，并不是因为能力不足，而是出于一种担心或自卑，担心“枪打出头鸟”，或是没有足够的自信去挺身而出。

可是，你要明白“智者千虑，必有一失；愚者千虑，或有一得”，你的老板或上级再无敌，他们总归是人，也有弱势的时候，当你发现他们此时没法解决问题，恰好你能助上一臂之力的时候，就要鼓足勇气，大胆提出你的解决方案。

要知道，有可能你穷尽毕生精力也不会得到别人的赏识，而只要抓住了一次机会，就有可能让你自此一鸣惊人。

杨卓智是西安一家机械厂的普通技术员，一次，厂里的电机坏了，全厂陷入停电的局面，好几个技术员研究了半天，就是找不到毛病。负责安全生产的张厂长对秘书说：“去请纺织厂的孙工程师吧。”秘书答应着，正要走出去的时候，杨卓智站出来了，他说：“张厂长，要不我来试试吧。”

杨卓智是个典型的西北汉子，大个头、黑脸庞、两鬓络腮胡子，穿着沾满油污的藏蓝色工作服，怎么看也不像是个能解决问题的人。因此，许多人都不看好他，张厂长也有所怀疑地问道：“你有多大把握？”

杨卓智很自信地回答说：“请您给我两天时间，我保证修好。”

就这样，张厂长在别无他法的情况下，半信半疑地把这个任务交给了杨卓智。杨卓智马上开始了工作。白天，他围着电机转悠，这儿看看，那儿敲敲，晚上，他就睡在电机房里。就这样，48 个小时很快过去了，人们见他还不拆电机，于是更加重了对他的怀疑，有的同事还笑话他说：“没有金刚钻就别揽瓷器活儿。”

厂长也对他说：“能修吗？不行就赶快撤手吧。”

可是杨卓智却笑着说：“别急，今晚就知道结局了。”

当天晚上，杨卓智叫人搬来梯子，他爬到电机顶上，用铅笔在一处画了个圈，说：“毛病就在这，线圈烧坏了，烧坏了 20 圈。”

听他这么说，技术工人们有点儿半信半疑，不过还是想看个究竟，就爬上电机顶看了看，一看果然如此，毛病找到了，电机很快就修好了，整个机械厂恢复了生产。

事后，张厂长问杨卓智为什么能找到毛病，杨卓智说："其实，我只是用我所掌握的专业知识去解决问题、找毛病，没有神奇的地方。"

通过这件事，张厂长感觉到杨卓智这个小伙子是个难得的人才，如果把他调到技术部门，一定会发挥他的才能。于是张厂长一纸令下，将杨卓智从原岗位升任为技术部顾问。

杨卓智的挺身而出为领导解了燃眉之急，而他自己也因此获得提升。应该说，当面临危难，能够挺身而出拯救团队的下属定会得到领导的重视及赏识。

所以，很多情况下，都不要抱着"事不关己，高高挂起"的心态，而应该尽自己一份力，亮出自己的本事，这样才能救他人于危困，也让自己受到别人的尊敬和赏识。既然如此，那么，当机会来临，但凡时机恰当，你就果断出击，干脆利落地亮相吧。

敢于担当，你的世界才是平坦的

要想有所成绩，要想受人尊敬，就应该用自己的意志力和责任感立即行动，而不是把问题推给别人，这样才能让自己尽快地成熟和成长起来。

我们大概都有这样的经历：问题一大堆，搞得自己甚至整个团队一个脑袋两个大，一时之间又不知道从何下手。

每当这个时候，有的人就会心生埋怨：为什么偏偏我这么倒霉，总遇到这样的麻烦？也有的人会琢磨，这件事在我的职责范围内吗？凭什么往我头上堆？还有的人会考量：解决了问题，对我有什么好处吗……诸如此类，不一而足。

实际上，这些想法都可以表明，这样的人喜欢在问题面前把自己置身世外，喜欢推、靠、拖、等，在别人让他去解决问题时，他首先不是想方设法地去解决问题，而是首先问自己能得到什么回报，即使勉强接受，也总是心不甘、情不愿，要么在做的时候打折扣、要么让问题悬而未决。这样的人不仅耽误了团队的发展，还影响了自己的前途。

三十多岁的琼斯是某报社的一名主编，他才华横溢、思维敏捷，却工作懒散、积极性不高，经常逃避责任："我没有在规定的时间里把稿子做完，是因为同事让我帮忙做其他事情。""我本来不想把稿子写成这样的，但是责编坚持要我这样写……"有一次，报纸到了发稿时间，琼斯却依然慢条斯理，最终影响到了报纸的出报时间，损害了报社的声誉。当报社追究责任时，他竟然说这不是他的责任，而是下级凯瑞的错误，企图让凯瑞来承担损失。

社长把凯瑞叫到了办公室，问他怎么回事，凯瑞说："这件事情的确是我们编辑部门的失职，虽然我只是一名小编辑，但我一定会弥补我们的损失的。"

第二天，琼斯被叫到了社长办公室。"琼斯，你要自己想办法弥补对报社造成的不良影响，另外，你明天开始交接工作吧。"社长神情严肃地说道。

"社长，为什么？"琼斯问。

"你作为主编，既然不能自己想办法弥补编辑部门对报社造成的损失，那么我只有另请高人了。我想提拔凯瑞为主编，因为他是一个勇于承担责任的人，是值得信任的。"社长回答道。

这个故事给我们的最大启示就是：任何一个老板都欣赏、重用勇于承担责任的人，因为外界对你的信任建立于你的责任感上，如果推卸责任，老板自然就会选择那些敢于承担责任的人，并为他们创造更多的成功条件。

当出现问题的时候，如果你勇于承担责任、肯从自己的身上找原因，及时改正错误，并在错误中汲取教训，那么错误就会变成一笔丰富经验、提高能力的宝贵财富，引领你登上事业的巅峰。

与其将自己的问题推给别人，不如大大方方地接受问题。世界不会亏待勇于承担责任的人，相反，人们更看重一个人在出现问题时所体现的责任感。我们来看下面一个例子：

许政是某家具公司新招聘的开单员，尽管他对工作还不熟练，但他的工作态度赢得了部门新老员工的一致好评。一天，他一时疏忽把一台价值3000元的衣柜以300元的价格卖给了一位顾客。

这家公司对员工的要求是很严格的，一旦出错就有被开除的危险。发现错误后，许政十分着急，一时间不知道该怎么办。有同事告诉他可以根据客户留下来的联系方式追回那2700元，也有同事劝他还是自己筹齐那差的2700元，然后悄无声息地入账，宁事息人。

许政认为，世上没有不透风的墙，如果老板日后知道这件事一定会非常不高兴的。这混乱的局面都是因自己造成的，他必须负起这个责任，于是他毅然地说："我要到经理那里承认错误。"

同事们听了许政的话大吃一惊，异口同声地说："你疯了，那样你肯定会被经理辞退的。"但许政主意已定，仍然坚持自己的决定，亲自去老板那儿认错。

许政带着2700元来到经理的办公室，将事情的原委说了一遍："经理，对不起，我的疏忽给公司带来了损失，这2700元是我这几个月省吃俭用存下来的，希望可以弥补我给公司带来的损失。如果您因为这件事要开除我，我也没有任何怨言。"

经理看着许政，不解地问："虽然这是你的错，但是你完全可以自主去找顾客要回这2700元啊！"

"是的，经理，"许政说，"虽然我可以按顾客留下的联系方式，找到顾客让他付这2700元，但是这件事情完全是我的错误，不是顾客的，我应对这个失误负全部的责任。”

听完许政的话，经理握住他的手，说：“好样的，你能在做错事情的时候主动承认，不将责任推到别人的身上，这种勇气和决心很好。”经理并没有像其他人所想的那样开除许政，相反，他更加器重许政，在以后的工作中给了许政更大的发展空间。

主动且诚恳地承认错误，说明你有一份敢于承担责任的勇气和信心，这不仅关乎你的工作态度，也关乎你的品质。把自己应该承担的责任承担起来，把责任感浸透在工作中的员工是很容易得到老板肯定的，就算老板表面上批评、责骂他一番，实际上心里已经原谅了他。

所以，即使做错了，也要勇于承认错误并努力改正，只有这样，才能得到他人的信任和器重，人生才会少一些磕绊，多一些坦途。

靠人不如靠己，老天只助自助者

人生是一条没有尽头的路，不要留恋逝去的梦，不要把幸福寄托在他人身上，而应告诉自己，幸福只把握在自己手中。在艰难前行的人生旅途中，只要自己学会独立、学会坚强，就会充满前进的希望。

有的人喜欢把希望寄托在他人身上，比如靠父母帮自己买房子、靠亲戚为自己找工作、靠同事出谋划策搞定工作，凡事都依赖于他人，总希望从外界得到援助，而自己却像没事一样，不去努力、无所作为。不客气地说，这样的人和寄生虫又有什么区别?

也许，这样的人会说，自己的力量是有限的，靠别人不正是人多力量大的最好体现吗?

有些时候，或许人多真的力量大，但在创造一个人的未来、促进个人的成长和成功方面却未必如此。不管外界的力量有多么巨大，最终能决定事情成败的还是你自己。

在一个寺庙里有一位乐善好施的方丈。因为这一点，这位方丈在十里八乡都有所闻名，使得乞丐们经常到方丈所在的寺庙里乞讨。

一天，一个只有一只手的乞丐来到寺庙，向方丈乞讨，方丈看了看寺庙门前的一堆砖，对乞丐说：“你帮我把这堆砖搬到后院去吧。”

可是，乞丐觉得方丈为难自己，就生气地说：“我只有一只手，怎么能搬砖呢？你不愿意施舍就不施舍，何必捉弄我呢？”

没想到，方丈自己却伸出一只手搬起一块砖，向乞丐说：“一只手也可以把砖搬起来呀。”

乞丐无奈，只好用一只手一块一块地搬，整整花了一个下午的工夫，乞丐才把砖全部搬到后院。

搬完后，方丈递给乞丐一点儿银两，乞丐接过钱，很感激地说：“谢谢你，方丈！”

方丈说：“不用谢我，这是你自己赚的钱。”

乞丐说：“我不会忘记你的。”说完深深地鞠了一躬，就离开了。

第二天，又有一个乞丐来到寺院乞讨，方丈把他带到后院，指着前一天的乞丐搬过来的砖堆说：“你把砖搬到屋前，我就给你一些银子。”但是，这位双手健全的乞丐却走开了。

方丈的弟子见了，不明所以，就问方丈：“上次您叫乞丐把砖从前院搬到后院，这次您又叫乞丐把砖从后院搬到前院，您到底想把砖放在前院还是后院呢？”

方丈对弟子说：“砖放在前院和放在后院都是一样的，可搬不搬对乞丐来说就不一样了。”

几年后，一个很体面的人来到了寺院，这个人只有一只手，他就是用一只手搬砖的那个乞丐。自从那次方丈让他搬砖以后，他通过自己的辛勤劳动奋力拼搏，终于变成了富翁。

他找到了自己的价值，这次来，他是特意为寺院捐献一大笔钱的。

就在他走出寺院时，碰到了一个乞丐向他乞讨，那个乞丐就是原先双手健全的乞丐，现在依然还是乞丐。

方丈在寺院大门口对弟子说："你看到了吧，这就是命运。命运靠自己掌握，幸福靠自己创造。"

没错，一个人要想拥有好命运，就只能靠自己的双手来创造。上述故事中，第一个乞丐在方丈的引导下学会了用自己的劳动创造幸福，最终他果然功成名就；第二个乞丐将希望寄托于别人身上，不肯用自身的付出来换取回报，他的结果自然是一辈子都在做乞丐。

因此可以说，当我们渴望获得人生的成功时，最应该做的就是像第一个乞丐那样，尽自己所能来努力创造，而不是像第二个乞丐那样相信自身之外的东西，以至于失去信心。

类似于第一个乞丐那样靠自己的劳动战胜困境、取得成功的人会告诉我们：不幸并没有那么难以打败，只要在不幸中坚持对美好生活的向往，并积极地去学习就一定会把自己从糟糕的生活中解救出来。

约翰·布里敦是个贫寒家庭的孩子，做面包师的父亲因为被人抢了生意而发疯了，这对于约翰·布里敦及他的整个家庭来说，无异于雪上加霜。那时候，约翰·布里敦还是个孩子，面对突如其来的不幸，他不知道该如何做，茫然不知所措。

不过可喜的是，约翰·布里敦并没有因此而沉沦、堕落。相反，他坚定地扛起了赚钱养家的责任。约翰·布里敦去了他叔叔开的酒店里做勤杂工，比如帮伙计装酒、上瓶塞、储存葡萄酒等，他干起活来像个小大人一般。就这样，约翰·布里敦辛辛苦苦干了五年活后，突然被他叔叔逐出门。兜里只有几个硬币的他，硬生生地熬过了六七年漂泊不定的生活。

几年来，没有任何依靠的约翰·布里敦经历了种种委屈。没有人能够帮他，能够帮助他的只有自己。由于没钱坐车，他只好步行走了很远，在一个地方找到了一份擦鞋的工作，赚了些路费后，他又去了大城市伦敦。

工作依然不好找，直到很久之后，被饿得面色发紫的约翰·布里敦终于在伦敦酒店找到了一份管理酒窖的工作。工作的时间很长，甚是辛苦，每天要从早上7点工作到晚上11点，并且要一直闷在漆黑的酒窖里。

虽然长时间过度的劳累影响了约翰·布里敦的健康，但他并没有因此就懒下来。为了摆脱穷困的命运，约翰·布里敦一有时间就读书写字，由于他住的地方十分寒冷，他又没钱买炉子，所以一到晚上就不得不缩在被子里看书。后来，他开始从事律师的工作，这份工作相对轻闲一些，工资也比以前高。又过了几年，他换了一家律师事务所，工资也涨了一些，但他依然坚持看书，并尝试写作。

功夫不负有心人，终于在约翰·布里敦28岁那年，他出版了自己的第一本书——《萨罗的求职经历》。从那以后直到去世，约翰·布里敦一直坚持文学创作。55年里，他出版的作品达87部，其中《美国大教堂的古代风习》一书最为有名，此书体现了约翰·布里敦不知疲倦的勤奋风格。

虽说约翰·布里敦的命运算不得十分悲惨，但如果把他的命运放在大多数人身上，也许他们早就在无情的生活中堕落了。约翰·布里敦之所以值得我们敬佩，就在于他的每一次成长、每一点收获都是从无情的命运之嘴中抢过来的，上天没有赐予他好的出身、好的家庭，却给了他一份“靠天靠地不如靠自己”的坚强意志，这足以让他受益一生。

应该说，包括我们自身在内的每一个正享受美好生活的人，其幸福都是从命运之“嘴”里抢过来的，而不是依靠他人的施舍、帮助而获得的。

因此，处于苦难煎熬中的你，是想成为依赖他人的懦夫，还是做依靠自己的强者，想必你心中也已有答案了吧。

你是你自己的救世主

外国电影里常出现这样的画面：当灾难降临时，主人公首先抓住胸前的十字挂像，然后一边不停地在胸前划十字，一边不停地祷告："主啊，救救我吧！"每当这个时候，我都幻想着也许救世主真的会从天而降把他救走。可是每次结局只有一种，那就是：主人公与十字挂像一同倒在血泊中，到死救世主都没有来。相信上帝的存在是一种信仰，但太过相信就会陷进被动的泥淖，当灾难降临时不采取行动而一味等待上帝的救助，任凭命运的摆布，其结果只能是任事态恶化并走向绝路。当他在呼喊上帝的时候，上帝没有听见，任凭他在死亡线上挣扎，如果他当时奋力挣脱魔爪或者采取相应的措施，也许可以摆脱险境。

然而我们身边的很多人，有时甚至包括我们自己，都把这一生的命运交给了上帝。

上帝是根本不存在的，上帝只不过是人们给自己苦难心灵的一个慰藉，它空洞虚无，当大难来临时它毫无用处。所以，只有自己是自己的救世主，依靠任何自己本身之外的人和物都是毫无意义可言的。

世上没有什么救世主，如果说有的话，那也只有你自己。

有一个事业非常成功的经理，他把全部财产投资在一种小型制造业上，由于世界大战爆发，他无法取得他的工厂所需要的原料，因此只好宣告破产。后来，他成为一名流浪汉。人生的灾难使他丧失了生存的勇气，有好几次，他都想结束自己的生命。

后来，他看到了一本名为《自信心》的小书。这本书给他带来了一丝活下去的希望，他决定找到这本书的作者奥里森·马登。

当他找到马登，说完他的故事后，马登却对他说："我已经以极大的兴趣听完了你的故事，我希望我能对你有所帮助，但事实上，我却绝无能力帮助你。"

他的脸立刻变得苍白。他低下头，喃喃地说道："这下子完蛋了。"

马登停了几秒钟，然后说道："虽然我没有办法帮助你，但我可以介绍你去见一个人，他可以协助你东山再起。"

听完这句话，流浪汉立刻跳了起来，抓住马登的手，说道："看在上帝的分上，请带我去见这个人。"

于是马登把他带到一面高大的镜子面前，用手指着镜子说："我介绍的就是这个人。在这个世界上，只有这个人能够使你东山再起。除非坐下来，彻底认识这个人，否则，你只能跳到密歇根湖里。因为在你对这个人做充分的认识之前，对于你自己或这个世界来说，你都将是个没有任何价值的废物。"

他朝着镜子向前走几步，看到镜中的自己是如此的憔悴，如此的狼狈，他用手摸摸长满胡须的脸孔，不敢相信这就是从前那个意气风发的自己，他禁不住低下头，开始哭泣起来。

几天后，马登在街上碰见了这个人，几乎认不出来了。他的步伐轻快有力，头抬得高高的。他从头到脚打扮一新，看来是很成功的样子。

"那一天我离开你的办公室时，还只是个流浪汉。是你让我在镜子中找到了失落的自己。现在我找到了一份年薪3000美元的工作。我的老板先预支一部分钱给我家人。我现在又走上成功之路了。"

生活中，有不少人面对激烈的竞争，经常显现出措手不及的惊恐状，面对生活中的种种挫折和困难始终觉得自己是一个弱者，随时都有可能被迫退出人生舞台。但是，看看我们身边的人和事，我们就会发现，有很多成功的人都是通过自己的刻苦和努力改变了自己，从自己的身上找到了自己的特长，最终走向了成功。

有一个人在大海上航行，突然遇上了强烈的风暴，船沉没了，全船人死伤无数。这个人侥幸获得一个小小的救生艇而幸免于难，他的救生艇在风浪中颠簸起伏，如同叶子一般被吹来吹去，他迷失了方向，救援的人也没有找到他。

天渐渐地黑下来，饥饿、寒冷和恐惧一起袭上心头。然而，他除了这个救生艇之外，一无所有，灾难使他丢掉了所有，甚至他的眼镜。他的心灰暗到了极点，他无助地望着天边，此时，他是多么渴望上帝这个救世主能来到他身边，把他从黑暗中救出去啊，但是时间过了很久，周围依然毫无动静。正在他绝望的时候，忽然看到一片片阑珊的灯光，他高兴得几乎叫了出来。这灯光使他想到了家里的灯光、妻子还有可爱的孩子，想到了年迈的父母，想到他们曾经对他说过的一句话："你是你自己的救世主。"这句年轻时激励他从困境中走出来的话。他想这次他也可以拯救自己。于是他奋力地划着小船，向那片灯光前进。

三天过去了，饥饿、干渴、疲惫更加严重地折磨着他，好多次他都觉得自己快要崩溃了，但一想到亲人，想到那句话，他又陡然添了许多力量。第四天的晚上，他终于划到了岸边，此时，他已经不吃不喝地在海上漂泊了四天四夜，当别人惊奇地问他是否有人帮助他脱离了困境时，他很骄傲地说："没有任何人，是我自己。"

是的，你就是你自己的救世主，除此之外，没有其他。如果在遭遇危险或不幸时，把命运交与上天处理，一切相信命里注定，不再采取任何解救的行动，那么结局往往只有一种：失败。相反，如果不相信命运，而相信自己本身的力量，也许结局便是另外一种模样。

除了自己，没人可以拯救你

一个人要成就自己，在很大程度上是很难依赖别人的。因此，在人生的大舞台上，有时你必须扮演自救的角色。如果你不扮演这个角色，人生这出戏就很难演了。

依赖别人就意味着命运掌握在别人手中。没有独立做前提，成功也许只是个假设。独立性格是成功者的必备条件，历史如此证明，现实生活也是这样。独立习惯的养成，对一个人的事业、未来、人生都有莫大的好处，所以若想成就事业，独立是个不可少的条件。

许多人从童年时起便一直被引入一种恶性循环。还在蹒跚学步的阶段，他们便被训练着对寻求依赖的信号做出反应。一个年幼的孩子，几乎他做的每一件事，都必须得到父母的允许。“好的”这一简明的告诫，无非意味着：“照我告诉你的那样去做。”这种方法的结果是，绝大多数人被训练得依赖于别人的赞同，成为了遵从者而不是决策者，遵从者把接受人家的支配当成一种生活方式。在学校里和课堂上，这种操纵的过程得到深化，学生们成天被告诫着遵守准则的要求去学这样做那样。甚至一个学生到高中毕业，他还没有意识到自己是如何毫无防范地被人操纵，哪怕这种操纵只是来自于他的同伴和他对自己不检点行为的自鸣得意。常常，一个年轻人对于自己如何轻易地受人操纵是完全无意识的。在这方面，无论年轻人是一个遵守纪律和法律者，还是想搅得天翻地覆的捣蛋鬼，都没关系，这两种类型均是有效操纵的结果。

有一位学术界知名的学者曾告诫青年学生们说：“如果你过分依赖别人，那你就会很容易上当，因为你不能辨别别人的话究竟是对的还是不对的，而你对别人的动机也就茫然不知。”成大事者的身上具有许多种优良品质——勇敢、忠诚、创新、进取，当然独立也是这些品格中不可缺少的品质之一。如果一个依赖于他人的人也会获得成功的话，恐怕历史上就不会有很多民族为独立而战了。有些年轻人生活在优越的环境里，溺爱使他们失去了自救的本领，因此成为了生活中的低能儿，养成了依赖别人的习惯。他们在父母的羽翼下可以安然无恙地生活，感受不到外界的任何干扰，但是一旦走出家庭，面对社会，他们的缺陷就会暴露无疑。面对竞争激烈的社会，他们能否适者生存，自我拯救，真是令人担忧。

李明翰是一名优秀的学生，从小学到高中毕业，学习成绩一直名列前茅。然而就是这样一个高智商的优秀生，在生活中却是一个低能儿。从进小学到中学毕业的12年，由于他学习成绩好，深得学校老师们的称赞和父母的厚爱。父母为了使他集中精力读书，成为一个有出息的人，家中什么活儿都不让他干，甚至连他的床铺也是父母替他收拾的。每次吃饭都是母亲把饭端到他跟前。真可谓饭来张口，衣来伸手。因此，到他十七八岁时，和他同岁的孩子，什么活都能干，也都会干，而他却连叠被子、洗碗等基本劳作都不知道。

李明翰参加高考，以全县第一名、全省第三名的优异成绩，考入了全国重点大学。这一振奋人心的喜讯，给家里带来前所未有的欢乐，亲戚朋友都投以羡慕的目光，称赞他聪明。同年夏天，李明翰以无比兴奋的心情，来到了首都，跨进了令人向往的大学，实现了成为一名大学生的理想。然而，当他开始大学生活没多久，由于他没有起码的生活能力，自己不会洗衣服，不会缝补衣服，不能独立生活，感到十分苦恼，尽管同学们也给了他应有的帮助，但还是解决不了他的实际生活问题。

在这种情况下，他只好向校方申请休学。学校根据他入学后的实际情况，批准了他的申请。第二年开学时，学校给他寄去了复学通知书。但谁也没有料到，接到复学通知书的李明翰，居然因惧怕离开父母后自己不能面对生活而悲观厌世，在这种思想驱使下，他纵身从高楼跳了下去，过早地结束了自己的生命。

社会是充满竞争的地方。如果你要做一个成功的人，那就应该是个品格独立的人，首先你就应该学会自我拯救。当你陷入困境遭遇孤独的时候，如果仅仅简单地去抱怨社会冷漠，别人自私，这只说明你对外界的依赖性太强，你太脆弱。依靠别人来解决你的问题当然容易多了，无论发生任何事，有个人可以商量总能让人觉得内心安定些。如果再进一步，别人愿意承担起完全的责任，自己更是完全松懈下来。表面上轻松了，但这种人很容易成为无法独立的弱者。所以，当我们遭遇逆境的时候，我们首先应该学会自我拯救。这并不是教你在社会上打肿脸充胖子，更不是教你万事不求人，而是想告诉你，在这个世界上每个人都在忙自己的事，每个人都有自己的麻烦。

自我拯救能够取代朋友、金钱和门第带来的帮助。敢于自救、不惧困难、在障碍面前毫不犹豫、对自己的办事能力有足够信心的人，就是能成大事的人。世上的每个人，只有当他感到所有外部的帮助都已被切断之后，他才会尽最大的努力，充分发挥出自己的潜能，以最坚忍不拔的毅力去奋斗，因为主宰命运沉浮的只能是他自己的努力，他必须学会自救，否则生命之舟就会沉没。当人类不必为满足自身需要去努力自救时，往往就失去了前进的动力。摆脱贫困一直是促使人类前进的驱动器，是驱使人类从野蛮状态进入文明的源动力。人一生毫无建树的原因就是因为害怕做事，缺乏信心。若你不敢有自己的想法，不敢争取主动，你做事就会谨小慎微，而无所突破。若在发表意见之前总是要先弄清楚别人的立场，看别人是否赞同你，这样一来，你的观点就会成为别人的修订版。

要相信你来到这个世界上是带有目的的，那就是为了造就你自己，是为了帮助别人，是为了扮演一个别人替代不了的角色。自己拯救自己是成大事的天规！只有把自己当作对手，不断超越自我，才能成功。

第九章

成长不能到此为止，人总可以变得更强

纵观古今中外，凡大成者，无不是通过严格的自我提升才获得大成和圆满的。每个人都可以通过不断地自我提高让自己变得更强。所以，不管你学历多么低，能力多么差，只要你不断提高自己、充实自己，不断地学习，你就能由丑小鸭变成展翅高飞的白天鹅。

敢于向自己的弱点开炮

提升自己的时候，要学会扬长避短、有缺点就要及时改正的思想。因为，人要想不断地提升自己，就要勇于找出自己的弱点，并进行批评与反思。要勇于向自己的弱点开炮，深刻剖析自己的不足之处。通过在当下的锻炼，学会在批评与反思中很大程度地完善自己，大大提高自身的素质和适应社会的能力。

无数优秀的人的成功之路，无不是从“把困难当作挑战”“把弱点当作对手”的自我激励开始的。而在实际的生活、工作中，我们却常常遇到临阵逃脱、畏缩不前，面对弱点和缺陷视而不见的失败者。他们之所以困顿不前，正是他们漠视弱点、逃避缺陷的性格造成的。

陀思妥耶夫斯基曾说：“倘若你想征服世界，你就得征服你自己。”著名的推销员帕蒂的成功就是一个很好的案例：

在帕蒂年轻的时候，有一天，他来到巴黎附近的一座教堂推销保险。当他滔滔不绝地向一位老牧师介绍投保的好处时。老牧师一言不发，只是很有耐心地听他把话讲完，然后用平静的语气说：“听了你的介绍，丝毫不能引起我对投保的兴趣。青少年，先努力去改造你自己吧！”

“改造我自己？”帕蒂大吃一惊。“是的，你可以去诚恳地请教你的投保户，请他们帮助你改造自己，我看你还算是有头脑的人，倘若你按照我的话去做，将来一定会做出成就的。”

帕蒂接受了老牧师的教诲，于是，他策划了一个“批评帕蒂”的集会。集会的目的是让别人能坦率地批评自己，为此，他确定了下列三项原则：

1. 集会上人人都能畅所欲言，但参与集会的人最多只能是五个。

2. 为了让更多的人都有批评的机会，每次邀请的对象不能相同。

3. 既然是他主动邀请别人来的，来者就都是他的贵宾，一定要热诚地予以招待。

当一切准备就绪，他立刻去拜访几个关系较好的投保户，诚恳地对他们说："我才疏学浅，又没有上过大学，因此连如何反省都不会，所以我决定召开帕蒂批评会，恳请您抽空参加，对我的缺点加以指正。"这些人觉得这种性质的集会很有意思，都很爽快得答应了。

帕蒂策划的批评会终于如期开场，他觉得自己就像是砧板上的一块肉，等着任人宰割。第一次批评会就使帕蒂原形毕露：你的脾气太坏，而且粗心大意；你太固执，常自以为是，你应该多听别人的意见；你的个性太急躁了，常常沉不住气；对于别人的托付，你从不来不会拒绝；你的知识不够丰富，所以必须加强进修，以期成为别人的"生活指导者"；待人处事千万不能太现实、太自私，也不能耍手腕或耍花招，一切都应诚实。他把这些宝贵的逆耳忠言一一记下来，并以此随时反省自己。此后，帕蒂批评会按月定期举行，他发觉自己就像一条蚕正在慢慢地"蜕变"。每一次的"批评会"，他都有被剥一层皮的感觉。经过一次又一次"批评会"的洗礼，他把身上一层又一层的弱点剥了下来。随着弱点的消除，他开始进步、成长。

后来，他把在"批评会"上获得的改进用在每天的推销工作中，业绩从此直线上升，最终成为一名优秀的推销员。

帕蒂的成功正说明了一个人应该不断地向自己的弱点挑战。挑战自我，拿自己的弱点开刀，才是成功的关键所在。但是向别人挑战容易，向自己挑战难。所以，活在当下，挑战自我，就是勇于向自己的弱点和缺点宣战。因为，真正成功的人相信，挑战自己不是目的，目的是要"降服自己"，使自己成为一个"自胜者"，成为命运的主人。

我们很多人都具有很强的自尊心，甚至是自恋心理，他们不敢主动地发现自己的弱点，更难以主动接受别人对自己的指正，这就导致他们失去了很多成长和完善的机会。所以，我们要学会自我反省和接受批评的重要性，人人都有弱点，但是只有那些勇于承认自身弱点，并积极克服的人，才能成为最后的胜者。

塑造个性的目的是吸引，而不是排斥

个性有好有坏。有些人的个性就像是山涧的溪水，它时而湍急时而缓慢，但无论怎样，它总是发出欢快清脆的声音，使听到的人不知不觉被这样轻快的曲调所吸引，所感染，进而和着轻快的曲调，在心中跳起快乐的舞蹈；有些人的个性就像是一汪泉水，虽然没有溪水的活泼，但是多了一份从容与厚重，使看到它的人不禁忘却了生活中的烦扰，进而沉下心来静静地感受生命的律动；有些人的个性则像是抽水的水泵，整日发出刺耳的聒噪声，这种尖利的声音刺激着人们的耳膜，使本来混乱的心境更加难以平复，与这样性格的人相处，我们能做的只能是离他尽可能的远一些；有些人的个性则如同一个人造的喷泉，虽然喷泉可以给我们带来清冽的泉水，但是一旦出现故障，它就只能是一个徒有虚表的摆设，与这样个性的人相处，虽然他们可以给我们暂时的安慰，但是我们很快就会发现这样的安慰仅仅是出于礼貌使然，因此，当我们遇到这样性格的人时，即使他有着漂亮的外表，我们也会宁愿跟抽水泵在一起。

个性的不同不仅影响到每个人的人际关系，也会因此而影响到一个人在生活中的方方面面。个性是一个人成功的重要因素，此处的个性指的是积极的个性，能够使人感觉如沐春风的个性。每个人身上都会展现出不同的个性，只是分量的多少不同而已。对于个性，我们要做的就是发扬好的，抑制坏的。或许有人会说，个性是一种天生的特性，后天是很难改造的。其实不然，个性如同之前提到的毅力一样，它们都是我们心理的一种状态。只不过，个性包含的东西更为复杂而已。因此，个性并不是不可改造的。我们一样可以通过后天的努力，来塑造我们想要的个性。

富兰克林在年轻时，曾受邀拜访一位老者。这位老者将他们见面的地点放在了一座低矮的小木屋中。会面的时刻到了，富兰克林如约而至。只见他昂首挺胸、器宇轩昂，大步流星地来到老者约定的地点。当他要进门的时候，只听见“砰”的一声，富兰克林的额头重重地碰在了门框上。对于这一突如其来的情况，富兰克林感到既尴尬又生气。这时，老者哈哈地笑着出来了，看到富兰克林正低着头，双手在揉额头，便对他说：“今天之所以把你约在这里，正是为了这个事情。很疼吧，是不是？这对你来说可是今天最大的收获。你要清楚，一个人要想世事洞察，人情练达，他就必须学会低着头做人。你整天昂着头，是无法看到人们真实的面目的。”

这是富兰克林成长过程中的一个小故事，但是却对他今后的人生产生了重要的影响。经过这次教训，他不再傲气凛人，而是学着低下头谦恭地待人。具有吸引力的个性使富兰克林成为了一条山涧的小溪，一汪清冽的泉水，无论何时，他都可以滋润万物，给人们带来欢乐和内心的平静。正是因为富兰克林虚心接受老者的意见，认真地塑造自己的个性，他才成为了美国历史上最受欢迎的总统。

富兰克林的转变充分说明了，在我们后天的生活中，个性是完全可以进行再塑造的。虽然从理论上说，个性是一种模棱两可、不可捉摸的东西，但是在我们的现实生活中，它却显得那样的真实与奇妙。

个性的塑造是一个长期而又艰苦的过程，而且个性确实具有先天的特性，如果你一不留神，它还会趁机从你的内心溜出来。因此，在我们塑造个性的过程中，我们要始终把握好自己的方向，即塑造个性的任务是为了吸引，而不是为了排斥。

自我完善比接受教育更重要

一般说来，教育是人类依靠书籍和教师来逐步发展自己心智的过程。然而在现在，即使一个人因为各种原因失去了受教育的机会，他也不必灰心丧气。因为，他仍然可以为自己找到一条接受教育的途径，那就是通过“自我完善”。事实上，我们身边存在着众多“自我完善”的机会，也存在着大量有助于“自我完善”的资源。如今，我们可以找到各种各样有益的资源。比如，质优价廉的图书、免费对公众开放的图书馆以及夜校等。在这种情况下，如果一个人还以教育资源稀缺为借口来逃避“自我完善”的话，就无法令人信服了。

在半个世纪或者一个世纪之前，人们要获取知识是相当困难的。那时书籍不仅数量少而且价格高，学习条件也和现在有着天壤之别。在过去，人们在每天繁忙工作之余，仍然要坚持不懈地学习。借助昏暗的烛光，努力克服身体上的疲倦，以便使自己进入一种忘我的学习状态之中。其中的艰辛，我们可想而知。但是，就是在这样艰苦的环境下，还是涌现出了许多取得杰出成就的伟大人物，这不得不让人感到惊叹和佩服。一些成功的人士不得不面临身体上的病痛，甚至残疾，然而他们顽强地克服了这些困难。相比之下，我们目前的学习环境已经优越了许多。在我们周围，完善自我的机会比比皆是，书籍也是汗牛充栋，但是我们取得的学识却远没有前人那样多，这实在值得我们认真反思。

完善自我意味着我们的内心必须具备这样一种冲动：对改善自我的渴望。可是，在生活中，我们总是喜欢做一些无聊且浪费时间的事情，比如看闲书、打扑克、玩台球、讲故事、毫无目的地闲逛等。我们白白浪费了这些大好的时光。所以如果你有改善自我的欲望，那么你就要努力去战胜自己，战胜那个玩物丧志的自己，唯有如此，你才能实现自己的目的。对于那些力求自我完善的人来说，必须战胜阻碍自己前进的“狮子”——自我放任。只有战胜了这个敌人，才能够取得进步。

人们年轻时利用休闲时间的方式，往往为以后的人生定下了基调。它让人们知道他是否已经心如死灰，或者他是否仅仅把人生当成了一次享乐的旅程。

许多年轻人会发现，他们一不留神就已经被竞争对手甩在了身后。但是，通过自我反省，他们会发现这种落后是必然的。因为他们停止了努力，没有进行广泛的阅读以充实自己的知识体系，浪费了许多可以好好利用的时间。这样当别人在不断进步的时候，他只能在原地踏步了。而原地踏步就等于退步，不是吗？

把休闲时间用来阅读和学习不仅是一种正确的选择，也是你目光高远的体现。历史上就有许多利用休闲时间进行学习的著名事例。这些成功人士并没有把休闲时间用来享乐，而是利用一切可利用的时间进行学习，哪怕牺牲一部分睡眠时间和进餐时间。

伊莱休·波利特当年的学习环境极其艰难，但是他却取得了巨大的成功，成为了美国著名的慈善家、语言学家和社会活动家。

16岁时，伊莱休·波利特在一个铁匠铺做学徒。他必须整天呆在那里工作，有时甚至还需要加夜班。但是，在这样艰苦的条件下，他还是不断地充实自己。他会在口袋里随身装上一本书，一有空闲时间，他就会拿出来阅读。晚上看，休息日也看，甚至在吃饭的时间也会看。总之，他利用一切可以利用的时间来学习，任何时间都不放过。每天早上，当那些家境富裕的孩子或者贪玩的孩子还在床上伸懒腰、打哈欠，刚刚睁开惺忪的睡眼时，年轻的波利特就已经开始学习了。

由于对知识的追求，对完善自我的强烈欲望，波利特战胜了前进道路上的一切障碍。一位富有的绅士曾提出资助波利特到哈佛大学去读书，但是被他拒绝了。波利特认为虽然自己每天要花在铁匠铺里 12 ~ 14 个小时，但是自己依然有能力通过自学来获取学识。波利特是一个有着坚定决心的人。在铁匠铺上班之余，凭借着自己挤出来的零星时间，在一年的时间里，他就掌握了 7 门外语。在如此艰难的环境中能够取得如此伟大的成就，实在是令人震惊。

因此我们应该知道，我们没有取得成功，并不是因为我们缺乏能力，而是因为我们缺乏勤奋。有许多例子都可以加以证明。一般来说，职员往往比他们的雇主更聪明，但是这些职员却不得不受到雇主的指挥。为什么呢？因为，这些职员根本无心改进自己的能力，他们只知道享受生活的乐趣，把大把的时间和金钱都花费在了吃喝玩乐之上。等到他们年纪越来越大，他们就会越发感觉到自己只能为他人打工了。

利用一切资源完善自己

很多人在年轻时都没有把学习放在心上，认为学习只是一件无关紧要的事情，没有必要花费精力去学习。可是，等到他们暮年的时候，他们才会发现自己的人生是多么失败。

生活中，有许多天资聪颖的女孩，她们富有青春朝气，但是却将自己的青春浪费在了一些普普通通的岗位上。为什么会这样？因为她们觉得自己没有必要去发展自身的才智了，也没有必要去抓住那些可以使自己获得更好岗位的机会了。所以，这些女孩放弃了可以提高自己的资源，从而使自己的一生都葬送在失败中。而更深层的原因是，这些女孩从来没有认识到学习也是一项任务。在她们的意识中，学习是一件无足轻重的事情。相对于学习来说，将来能够嫁给一个如意郎君，更能给她们带来巨大的回报。因此，在学校里，她们毫不重视基础知识的学习，也不用心学习如何精确地记账，甚至不愿意去发掘适合自己的事情，并努力将其发展成为自己未来的职业。在她们的脑海中，从来没有想过要依靠自己的能力来独立生存。可是，我们必须要清楚的是，能够依靠婚姻而取得幸福的人毕竟是少数的，生活中也有许多例子足以说明依靠婚姻来保障自己今后的生活有多么不可靠。

类似的缺点在很多年轻人身上都体现出来。他们在投入精力发展自己才能方面十分吝啬，但是却希望能够得到一份好工作：每天工作几个小时，活儿很轻松，报酬却很丰厚。由此可见，在这些年轻人的观念中，他们考虑最多的是如何享乐，而不是如何锻炼自己，使自己有所进步。

许多职员都羡慕自己的雇主，希望也能拥有自己的事业，雇用他人。但是，当他们一旦得知要改变现状需要付出极大的努力时，他们就会自觉地选择放弃。这样的人喜欢过一种轻松自在的生活，希望可以闲庭信步地走完自己的一生。但是我们要知道，如果要获得更好的岗位，领取更丰厚的薪水，我们就必须不断努力，持续拼搏。这是非常必要的！

是的，大部分人存在的问题就是，他们不愿意通过现在的牺牲来换取将来的回报。对于花费时间改善自我来说，他们更愿意好好享受当前的生活。虽然他们对成功也有所渴望，但是这个渴望并不强烈。当他们知道若要实现自己的渴望，就要牺牲一些当前的时光时，他们就会打消自己的念头；他们也渴望干出一番事业，但是这个渴望也没有强烈到让他们能够心甘情愿地去付出一些代价，正如他们不愿意坚持不懈地辛苦学习，以此为自己的美好未来打下一个坚实的基础一样。

大部分人都在碌碌无为中度过自己的一生。他们本来有能力改善自己的生活，但是却因为缺少热情和决心而不得不中途放弃。要获取高贵的生活，就必须努力拼搏。但是这些人却宁愿悠闲自得地过着自己卑微的生活，也不愿意付出必要的努力。不思进取，那么只能一无所获。

然而，仅仅有了完善自我的打算还不够，我们还必须对此做出周密的计划。只有这样，我们才能找到能够为我所用的资源。“如果没有机会，那就创造机会。”下面就是一个来自于我们身边的例子：

有一个年轻的爱尔兰人，当他将近 20 岁的时候，他仍然不会读书写字。因为他所处的地方到处都弥漫着自我放纵的气息，根本无法得到学习的机会。于是，他选择了离开自己的家乡。

在通过黑板报学习了一些读写能力之后，他在军舰上获得了一个海员的岗位。在军舰上，他主动选择到船长室去工作，因为他知道在那里可以学到更多的知识。为了能够将自己听到的新的单词随时记录下来，他特意在自己的口袋里放了一本便签簿。

一天，他的这种随时记录的习惯引起了一位长官的怀疑。这位长官怀疑他是敌人派来的间谍，负责侦查他们舰队航行的计划。但是，当舰上的长官了解到事情的原委后，他们都十分认同这位年轻人的学习热情，并千方百计地为他提供了更多的学习机会。

最终，这位年轻人凭借着这些学习的机会，在海军部队里赢得了一个显赫的地位。

如果你能够像这位年轻的爱尔兰人一样，在通向成功的道路上积极地学习，始终完善自己，那么你也一定能够取得成功。

学习要趁早，重视年轻时的教育

世界上所有伟大的事情都是通过自我帮助实现的。有很多年轻人，他们有着远大的理想，但是由于资历尚浅，他们就因此而不再积极进取。甚至有些人开始守株待兔，希望上天可以帮助他们一把。要知道，“一分耕耘，一份收获”，我们只能依靠自己。我们只有靠长期不懈的奋斗才能够收获成功，而那些无法抵挡各种诱惑的人，最后只能落得半途而废的下场。

天资聪颖的人总是能够发现并把握住那些被大部分人忽视了的机会。因此，即便他们处于不利的境地，也能够通过利用这些自我完善的资源，取得比常人更加杰出的成就。

有一位州立法机构的官员，他不但才华卓越，有着很高的知名度，而且为人热情奔放，极富有同情心，但是他却总是为他的英语发音而苦恼。因为他的英语发音很不好，让人感到与他交流是一件很痛苦的事情。

其实，在华盛顿这个地方，还有许多这样类似的例子。一个人凭借自己的天赋和优异的品质获得了重要的职务，但是他却不得不为自己在年轻时浪费掉的宝贵时光而后悔不已。正是因为浪费了这些宝贵的时光，他才没能完善自己，使自己始终带着一些缺陷。

一个人若想成为佼佼者，就必须具备常人所不具备的才能。但是如果一个人在年轻的时候没有接受过良好教育的话，那么他就只能在低级的岗位上度过自己的一生。要知道，年轻时的良好教育对于一个人的成功有着巨大的影响。即使一个人已经具备了 80% ~ 90% 成功的可能性，但如果年轻时没有受过良好教育的话，这种成功的可能性就会马上大打折扣，甚至会降低到不超过 25%。由于年轻时的教育而无法成功，这将会是一件多么令人遗憾的事情!

一个人若是没有做好充分的准备，那么当机会来临时，他也必然只能眼睁睁看着机会从他身边溜走。要知道，他本来可以取得成功的。我想，除了犯罪之外，应该没有其他事情能比让成功从指尖溜走更让人伤心的了，也没有任何事情能比这样的事情更让人觉得遗憾的了。

这里的一个例子，足以让我们为当事人感到焦急与惋惜：

一个人是天生的博物学家，有着远大的志向。他十分擅长自然学方面的知识，所掌握的自然史方面的知识远比其他人都要丰富。然而，当他想通过自己掌握的知识表达观点和见解时，他突然发现自己不能流畅地运用语言将这些观点表达出来。这是多么令人感到沮丧的一件事情！他对自己十分懊恼，因为在年轻的时候，他并没有对语言学习倾注太多的精力，因此导致他掌握的词汇量少得可怜。他发现自己甚至不能写出一个语法正确的句子，更不用说运用文字记载自己的学术观点了。由于在语言知识方面的局限性，他突然对语句的表达感到十分痛苦。目前的这种状态，难道不正是由于他在年轻时忽视教育的重要性而造成的吗？

想想这位杰出的人所承受的痛苦吧，他虽然掌握了许多自然科学方面的知识，但是却不能够用正确的句子表述自己的观点，这是多么可悲的事情呀！

同样，一些速记员在工作时，也会经常遇到一些他们不熟悉的字、词或短语，为此他们也会感到相当的苦恼。其实，这主要是因为他们平时所准备的词汇量比较狭窄造成的。要成为一名出色的速记员，不仅要掌握常用的词语，还要掌握那些冷僻的词语。只有这样，自己才能建立起一套属于自己的知识体系。在意外出现时，也不至于惊慌失措。如果自己经常在词语方面出现问题，那么迟早是会被雇主发现的，而这也将直接影响到自己的职业前途。

有一位年轻的女士曾经诉苦说，由于自己早年没有受到过良好的教育，导致现在做事情时经常会遇到困难。由于她在语言方面的造诣十分差，经常出现语法方面的错误，她甚至不敢写信给那些知识渊博的人，以求得他们的帮助。从她的话语中，我们会感受到她的天资并不差，但是正是由于缺乏教育，她才使自己处于困难的境地。而造成这一切的原因，也都是因为这位女士在年轻时忽视了教育的重要性。

我们经常会为这样的人感到遗憾。他们浪费了在校期间的最宝贵的学习时光，浪费了他们与生俱来的聪明才智，以至于自己只能碌碌无为地度过一生。随着年龄的增长，他们成功的机会将会越来越少。但是，如果他们能够及时觉悟，并开始发愤图强，那么还为时未晚，依然有取得成功的可能。

对于年轻人来说，如果你不能好好地利用现有的机会，那么你必将抱憾终生。生活中，我们还会发现这样的事例。一个人虽然具备了成为领导者的各项素质，但是由于他缺乏教育和其他方面的准备，结果与成功擦肩而过。而另外一些人，虽然在天资方面不及他的一半，但是经过自己刻苦勤奋的学习，以及充分的准备，最终成功地当选为领导者。

其实，我们处处都可以发现，像职员、技工、雇主等这类岗位的安排并非根据一个人的天资来决定的。有些人虽然天资聪颖，但是由于缺乏相应的教育，也只能在低级的岗位上工作。他们或者知识浅薄，没有能力撰写出一封出色的信函；或者没有学好英语，无法与人流畅地交流。总之，他们潜在的能力没能展示出来，因而只能平庸地活着。

在能力不足时，一定要不懈地学习

《易经》中有这样一句话："天行健，君子以自强不息。地势坤，君子以厚德载物。"意思是告诉人们要善于学习，只有善于学习，才能走向成功。

学习，是个永远的话题。只有不断学习才能不断进步。许多人不注重学习，他们愚昧地认为学习是件痛苦的差事，轻轻松松过日子就是他们对自己的要求，认为这样才是生活。倘若如此的话，那么这些人的精神世界是空虚的，因为不通过学习接受新事物的能力就会降低，而只有不断地学习，才能从新事物中得到激情、收获快乐，人生才丰富，生命才有意义。

我国著名画家徐悲鸿一生之中画了上千匹马，他笔下的马姿态众多，但是各个都栩栩如生。

为了把马画好，在留学法国期间，他天天都在巴黎博物馆里进行素描练习。饿了就吃两块面包充饥，而他之所以这样做是为了准确把握马的造型。为了提高自己画马的水平，他在向前人学习的基础上，还不断在现实中学习和实践。他不管到什么地方，只要碰见了好马，就会不由自主地驻足，进行一番细心观察。

经过不断地学习和实践，徐悲鸿画马的水平获得了很大的提高，他的奔马丰阔而不臃肿，刚劲而不粗糙，稳而不坠，奔而不飘。特别是那幅四蹄腾空、马尾舒展、长鬃飘飘的奔马图，充分表现出了挺拔奔放、自由不羁的精神。最终，徐悲鸿在名家如林的书画界中脱颖而出。

由此我们可以看出，学习是很重要的，它是进步的阶梯，我们沿着一层又一层的阶梯不断地攀爬，才能逐渐体会到学习带给自己的巨大收益。犹如我们攀登泰山拾阶而上一样，当我们每上一层台阶，我们就能看得更远一些，同时就收获一份激情，多了一份向往，而当我们就这么坚持不懈地到达顶峰时，才能发出“一览众山小”的感慨。

同样，当我们不断地学习，积累了一定的知识和阅历后，我们也就能对自己的人生方向和前景有个更加明确的方向，前进的路上就会少些迷茫与困惑了。那么，在感觉到自己能力不足的时候，如何才能让自己不断地学习、充电呢?

如果你想得到成功，你要有能力；如果你想有能力，你要善于学习。如果你想善于学习，你需要知道学习什么，你要选择合适的学习活动，你还得不断地练习。但是这些是远远不够的，你必须有促进自觉学习的信念。

当你学习的时候，好奇心无疑是最有帮助的一种心态。世界上最伟大的思想家都是好奇的。爱因斯坦对“如果能在光速下运动会是什么样的”很好奇，因此他发明了相对论。达尔文对地球上存在那么多物种感到很好奇，因此他创造了进化论。

古时候有个故事叫“孟母三迁”，目的就是为了能让小孟子能好好学习。我们都知道学习的环境对于学习的效果是非常重要的。那么怎样的环境能够促进学习呢？如果周围的人都很有求知欲，肯定对学习有帮助。所以我们要寻找适合学习的环境。

要想学习好一定要有明确的目标，没有目标就没有动力、没有方向。即便你没有长远的目标，也得给自己一个短期的目标。目标是指挥棒，它指到哪里，你就能冲到哪里！

学习能马上应用，或在应用中去学习效果会更好，这也是很多人之所以在岗或者进修学习的目的。

参与学习，既要资金，也需精力，更需时间，所以掌握有效的学习方法是很关键的。成功学中有一个方法是向成功者学习，而倘若能找到我们身边比较优秀的人，观察其一些行为习惯及方法，多去模仿也会受益匪浅的。

目标好比一根指挥棒，而我们则一起站在起跑线上，经过一番拼搏之后，会有人胜出，有人失败。为什么同一起跑线上的我们会有不一样的结果？原因就是胜出的人善于不懈地学习，在发现自己能力不足的时候，能长时间地进行充电，并且将所学习到的知识应用到实际生活当中，虽然表面上看起来并没有学习到多少，但这是一个量变到质变的过程。正如一位企业家说过的那样：每天学习一点点，十年之后你就能独领风骚。

因此，在社会不断进步发展的今天，我们要抓住每一分可以利用的时间，坚持学习，提高自己的能力，将自己的事业和人生推向一个新的高度。

打造自己的核心竞争力

在非洲草原上，每天清晨，羚羊睁开眼睛所想到的第一件事就是：我必须跑得更快！否则，我就要命丧狮口。而在同一时刻，狮子也在想着同一件事情，那就是：我必须跑得更快！唯有如此，我才能抓到更多的羚羊。否则，我将会活活地饿死。于是，面对着地平线吐出的鲜红的朝阳，狮子和羚羊开始了新的一天的生存和竞争。

物竞天择，适者生存，这是竞争的本质和普遍规律。由此可见，竞争既是一种淘汰的机制，又是一种激励的机制。在这里，“速度”成为了狮子和羚羊求得生存的最重要的技能。而这一项最重要的技能也可以称之为它们的核心竞争力。

随着社会的发展，人口的激增，资源的枯竭，人与人之间的竞争也日趋白热化。因此，在人类社会中，自然界的生存法则越来越激烈地显现出来。做一头狮子，还是做一只羚羊，成为了我们在“适者生存”的严酷规律下不得不做出的一个选择。其实，我们也不用太过悲观。不论是做一头狮子，还是做一只羚羊，如果我们具备了自身的核心竞争力，那么我们就必然可以用速度战胜与死神的竞争。

那么，什么是个人的核心竞争力呢？

所谓个人的核心竞争力，其实就是不易被竞争对手效仿的，具有竞争优势的、独特的知识和技能。比如，马克·吐温和歌德，他们的核心竞争力就是自己的文学创作才能。

在这里，我们需要注意的是，核心竞争力强调的是竞争力的核心性。也就说，你的竞争力应该是出类拔萃的，不易被模仿，或者不易被竞争对手赶超的。一位经济学家曾经这样论述企业的核心竞争力，他说："一家企业，它一定要有偷不去、拆不开、带不走、溜不掉的独特资源。"同理，一个人的核心竞争力也应该具备如此的特点。因此，对于个人来说，核心竞争力不但要求我们要有一技之长，而且要求将这一技之长发挥到极致。比如唱歌，你可以在美声唱法方面努力深造，也可以在通俗唱法方面努力深造。总之，为了打造自己的核心竞争力，你必须向着"高、精、深"的方向发展。

那么，我们该如何打造自己的核心竞争力呢？

首先，我们要了解个人核心竞争力的组成要素。一般来说，个人的核心竞争力是由人生定位、资源与能力、执行力三大要素组成的。所谓的人生定位，就是指我们想要成为一个什么样的人，它是建立在我们固有的天赋基础上的。伟大的目标往往造就伟大的人生。因此，我们必须重视自己的人生定位，尽量为自己设置一个更高的人生目标。所谓的资源是指我们目前所具备的知识储量和人脉关系；能力则包括一个人的语言表达能力、信息处理能力、解决问题的能力、人际交往的能力、组织管理的能力、领导力以及演讲能力等。执行力则主要指执行计划的能力以及超越自我的能力。由此可见，个人的核心竞争力其实正是个人综合素质的集中体现。因为，打造自己的核心竞争力就是培养自己的综合素质能力。

了解了个人核心竞争力的关键要素后，我们就可以制定出具有针对性的打造计划了。

第一，确立目标，培养前进的动力。

确立目标首先要考虑自己的兴趣与能力，自己不感兴趣的不要去考虑，自己没有能力做到的也不要去考虑。一旦目标确定，就要排除各种干扰，坚定自己的信念。在这里，要记住一条原则：不要常立志，要立常志！

当目标确定后，就要培养自己前进的动力。只有动力，才是支持一个人不断进步的能量源泉。因此，我们要时刻提醒自己，我们制定目标的目的不是为了其他的任何利益，而是为了打造自己的核心竞争力。当核心竞争力达到顶峰时，成功自然就会来到我们的身边。

第二，持续学习。

处于信息爆炸的社会，仅仅凭借学校习得的知识并不能保证我们获得成功。也就是说，学校的专业知识并不必然成为我们的核心竞争力。要打造自己的核心竞争力，我们就要积极地关注专业知识之外的信息，努力学习新的知识，新的方法，持续地为自己充电。在此，我们应做到以下几点：一是根据不同阶段的目标来进行针对性的学习，以保证核心竞争力的可持续发展性；二是能够及时地吸收和利用外在的信息，保证核心竞争力的适应性；三是努力地将各种知识系统化，以打造核心竞争力的专业性。

第三，打造属于自己的品牌。

在如今崇尚品牌的时代，我们也必须打造属于自己的个人品牌。因为品牌代表着实力，代表者信任，代表者强大的竞争力。所以，我们必须注重个人性格的培养。一般来说，个性鲜明的人更富有创造力。由于核心竞争力要求的是“高、精、深”，所以，在一定的意义下，具有鲜明个性的人更容易形成自己的核心竞争力。

最后，我们要强调的是，核心竞争力并非一般的竞争力。如果说竞争力的形成需要十倍努力的话，那么打造核心竞争力就需要我们百倍、千倍的努力。在此，各位必须要有足够的心理准备。